U0256972

管理科学与工程丛书　　◉主编：葛新权

管理科学与工程丛书
主编：葛新权

废弃电子产品资源化的预测与评价

Prediction and Evaluation of E-waste Recycling

张 健 刘 宇/著

社会科学文献出版社
SOCIAL SCIENCES ACADEMIC PRESS (CHINA)

本书受北京市教委科学技术与研究生建设项目资助
本书受北京市重点建设学科管理科学与工程建设项目资助

总　　序

基于 2003 年北京机械工业学院管理科学与工程硕士授权学科被批准为北京市重点建设学科，我们策划出版了这套丛书。

2004 年 8 月，北京机械工业学院与北京信息工程学院合并筹建北京信息科技大学。

北京机械工业学院工商管理分院于 2004 年建立了知识管理实验室，2005 年建立了北京地区第一个实验经济学实验室，2005 年 8 月召开了我国第一次实验经济学学术会议，2005 年 12 月获得 2005 年度北京市科学技术奖二等奖一项，2006 年 4 月获得北京市第九届人文社科优秀成果二等奖两项。2006 年 5 月，知识管理研究被批准为北京市教委人才强校计划学术创新团队；2006 年 10 月，被批准为北京市哲学社会科学研究基地——北京知识管理研究基地。

2006 年 12 月，北京机械工业学院工商管理分院与北京信息工程学院工商管理系、经济贸易系经贸教研室合并成立北京信息科技大学经济管理学院。2008 年 3 月，企业管理硕士授权学科被批准为北京市重点建设学科。

2008 年 4 月，教育部正式批准成立北京信息科技大学。

经济管理学院是北京信息科技大学最大的学院。2007 年

10 月经过学科专业调整（信息系统与信息管理学士授权专业调出）后，经济管理学院拥有管理科学与工程、企业管理、技术经济及管理、国民经济学、数量经济学 5 个硕士授权学科，拥有工业工程专业硕士授予权，拥有会计学、财务管理、市场营销、工商管理、人力资源管理、经济学 6 个学士授权专业，设有注册会计师、证券与投资、商务管理、国际贸易 4 个专门化方向。

经济管理学院下设会计系、财务与投资系、企业管理系、营销管理系、经济与贸易系 5 个系，拥有实验实习中心，包括会计、财务与投资、企业管理、营销管理、经济与贸易、知识管理、实验经济学 7 个实验室。现有教授 12 人、副教授 37 人，具有博士学位的教师占 23%，具有硕士学位的教师占 70%。在教师中，有博士生导师、跨世纪学科带头人、政府津贴获得者，有北京市教委人才强校计划学术创新拔尖人才、北京市教委人才强校计划学术创新团队带头人、北京市哲学社会科学研究基地首席专家、北京市重点学科带头人、北京市科技创新标兵、北京市青年科技新星、证券投资专家，有北京市政府顾问、国家注册审核员、国家注册会计师、大型企业独立董事，还有一级学术组织常务理事，他们分别在计量经济、实验经济学、知识管理、科技管理、证券投资、项目管理、质量管理和财务会计教学与研究领域颇有建树，享有较高的知名度。

经济管理学院成立了知识管理研究所、实验经济学研究中心、顾客满意度测评研究中心、科技政策与管理研究中心、食品工程项目管理研究中心、经济发展研究中心、国际贸易研究中心、信息与职业工程研究所、金融研究所、知识工程研究所、企业战略管理研究所。

近三年来，在提高教学质量的同时，在科学研究方面也取得了丰硕的成果。完成了国家"十五"科技攻关项目、国家科技支撑计划项目、国家软科学项目等8项国家级项目和12项省部级项目，荣获5项省部级奖，获得软件著作权24项，出版专著16部，出版译著2本，出版教材10本，发表论文160余篇。这些成果直接或间接地为政府部门以及企业服务，特别地服务于北京社会发展与经济建设，为管理科学与工程学科的建设与发展打下了坚实的基础，促进了企业管理学科建设，形成了基于知识管理平台的科技管理特色，也形成了稳定的研究团队和知识管理、科技管理、知识工程与项目管理3个学术研究方向。

在北京市教育委员会科学技术与研究生建设项目、北京市重点建设学科管理科学与工程建设项目资助下，把我们的建设成果结集出版，形成了这套"管理科学与工程"丛书。

管理科学与工程学科发展日新月异，我们取得的成果不过是冰山一角，也不过是一家之言，难免有不当甚至错误之处，敬请批评指正。这也是我们出版本丛书的一个初衷，抛砖引玉，让我们共同努力，提高我国管理科学与工程学科研究的学术水平。

在北京市教育委员会与北京信息科技大学的大力支持与领导下，依靠学术团队，我们有信心为管理科学与工程学科建设、科学研究、人才培养与队伍建设、学术交流、平台建设与社会服务做出更大的贡献。

主编　葛新权

2008年4月于北京育新花园

目　录

第三篇　废弃电子产品中有毒有害物质评价

Contents

Part 2　Technical and Economic Evaluation of E-waste Recycling

Part 3 Evaluation of Toxic and Hazardous Substances in E-waste

前　　言

新世纪，电子产品的快速普及和更新换代，警示我们必须以前瞻的眼光来审视由此带来的环境污染和资源浪费等问题。20 世纪 80 年代以来，在不同的地区和不同的时期，废弃电子产品回收和再利用出现了不同程度的环境污染和其他问题，不可否认的重要原因是由于对数量的不清楚导致缺乏规划和统筹，无法对不同的资源回收利用进行规范化处理。另外，由于资源回收利用过程中的经济价值没有正确的评估，电子产品中含有的大量有毒有害物质没有先期分析，导致污染得不到正确及时的治理，资源得不到有效的回收。鉴于此，本书从废弃电子产品资源化数量的预测、资源化的经济评价方法和有毒有害物质评价分析三个方面进行研究，试图揭示我国废弃电子产品资源化利用中存在的一些规律，进一步为政府和相关企业提供决策支持和分析依据。本书主要内容包括：

第一篇（第二～五章）：根据废弃电子产品生命周期特点，从时间、地域、产品结构三个维度，采用基于时间序列模型、斯坦福模型、卡内基模型、灰色模型、神经网络模型等多种预测模型，进行废弃电子产品保有量、废弃量、可资源量的预测；利用知识挖掘的方法，挖掘电子产品中资源物的种类、存在方式、含量，研究我国废弃电子产品中资源物的分布特征；基于电子电器产品中资源物种类、分布特征与产品结构的关系模式，探明电子产品资源物时空分布规律，通过可视化界面方便、高效地对数据进行动态采集、编辑和管理。

第二篇（第六～八章）：针对废弃电子产品资源化的技术经济评价的影响因素和应用结构方程模型、CIPP评价模式，对废弃电子产品资源化的技术经济评价进行问题识别和必要性及可行性分析，进而形成电子废弃物资源化的技术经济评价的形式化体系和概念设计，最终形成针对电子废弃物资源化的技术经济评价指标体系，并应用评价模型，通过实例研究完成了对电子废弃物资源化的技术经济评价，以期为我国电子废弃物资源化提供一些切实可行的技术经济评价研究。

第三篇（第九～十二章）：提出了废弃电子产品有毒有害物质评价体系的概念，通过对其分析与研究，提出了废弃电子产品有毒有害物质评价体系的需求主体、影响因素和评价原则，并建立评价指标体系。运用主成分分析法对废弃电子产品有毒有害物质含量进行分析，确定指标体系中对废弃电子产品影响最大的指标、因素，为政府、企业和消费者提供技术指导。运用模糊聚类分析法对废弃电子产品有毒有害物质进行分析，根据对不同电子产品或电子产品的不同组成元件的有毒有害物质含量的分析，将其进行分级，为政府和生产企业提供预测信息。在此基础上，设计废弃电子产品有毒有害物质分析系统。

本书撰写过程中，研究生杨旸、朱金良和王涛等同学参

与调研、资料整理、写作和排版录入等工作，在此一并表示
感谢！

　　本书得到国家自然科学基金（编号：70873005）、北京
市哲学社会科学重大项目（编号：11ZDA04）、北京市属高
等学校人才强教高层次人才计划、科技创新平台计划、北京
市重点建设学科和北京市知识管理研究基地项目资助。

　　由于作者水平有限，本书错漏之处，恳请广大学者及其
他读者朋友给予批评指正。

作　者

2012 年 11 月

第一章
绪　　论

第一节　废弃电子产品资源化现状

20 世纪 80 年代以来，废弃电子产品数量激增、回收管理以及资源化处理的失位，造成全球生态污染威胁和居民健康隐患以及稀缺贵重资源的严重流失。2008 年以后，我国每年需要处理的废弃电子产品达 500 万吨，且增长速度超过 10％。电子电器产品作为高科技产品的更新换代加速，产生的废弃电子产品给地球的资源、能源和环境带来了新的问题和挑战，使人们不得不重新审视废弃电子产品带给社会、经济、资源、环境和技术的问题，这也是保障消费者的健康、建立资源节约型和环境友好型社会的要求。另一方面，废弃电子产品中含有许多可以资源化利用的材料，如其中的各种塑料可以被直接回收利用，一些金属、贵重金属、稀有金属经提纯后也可再生利用。丹麦技术大学的研究结果显示：1000 千克随意收集的电子板卡中含有大约 272.4 千克塑料、129.8 千克铜、0.45 千克黄金、40.9 千克铁、29.5 千克铅、20 千克镍和 10 千克锑，如果能资源化，仅 0.45 千克黄金就价值 6000 美元。因而，从资源再利用的角度来说，废弃电子产品资源化处理具有明显的资源环境效益、社会效益和经济效益。

关于废弃电子产品的定义，国内外并没有一个统一的说法。废弃电子产品俗称"电子垃圾"，英文翻译为 Electronic Waste（缩写为 E-waste），是指废弃的电子电器产品、电子电气设备及其零部件。我国的废弃电子产品主要来源于三个方面：一是来源于废弃电子产品本身；二是来源于电子产品生产过程中产生的各类废弃物；三是来源于国外的电子垃圾（牛冬节等，2007）。国外对废弃电子产品的定义是：废弃电子产品包括旧电脑（主板）、监视器、印刷机，其他外围的信息设备，旧通信设备（移动电话、固定电话和传真机）和复印机，而这些都是不正常使用的或者是过时的，只能回收，不再有利用价值的物品。

废弃电子产品不仅种类繁多，而且成分复杂，含有多种有毒有害物质，如果处理不当将对环境和人体产生巨大的危害，废弃电子产品已成为固体废物中最大的重金属污染源。由于技术进步和产品更新的速度非常快，目前废弃电子产品已成为城市垃圾中增长最快的垃圾种类之一（葛亚军等，2006），许多电子产品在远未达到实际使用寿命的时候就面临被用户淘汰的命运，但其中大部分都可以被重复使用、翻新或循环利用。何亚群、段晨龙在《废弃电子产品资源化处理》一书中系统阐述了废弃电子产品资源化概念、废弃电子产品的管理、废弃电子产品的资源化研究等内容。介绍了循环经济的相关理论，分析了废弃电子产品的特点及其危害，从制度、技术等方面提出了治理废弃电子产品的策略。

废弃电子产品具有以下特点：①种类多、数量多并呈快速增长的态势。②具有高污染性和强危害性。如果处理不当，其中含有的有毒有害物质会对人类健康造成巨大危害，对环境乃至生态系统造成严重危害。③从废弃电子产品资源化的角度看，废弃电子产品具有重复利用性和资源回收性，即废弃电子产品含有许多有价值的部分或材料，可回收利用，成为宝贵的资源，故潜在价值高，被誉为"城市矿山"。

废弃电子产品资源化是以废弃电子产品为对象，在规范的市场运作下，通过先进技术、工艺和手段，最大限度地开发利用其中蕴涵的材料、能源等，并将其转化为有用资源的过程，从而达到低能耗、低物耗、低环境影响、延长生命周期、资源循环等目的，最终实现可持续发展（Holffnann JE，1992）。通过对废弃电子产品进行拆解、分类等方式回收其中部分有价值的材料，这种途径是解决废弃电子产品造成的环境污染、生态破坏和资源浪费问题的关键，是将来废弃电子产品资源化行业发展的一种趋势和选择。

目前，我国废弃电子产品资源化处理技术主要分为两类：一是以物理方法为主的物理技术。将废弃电缆、导线和部分元器件等通过机械粉碎，分离出部分有机物粉尘，进行水浸分离，得到较粗颗粒的金属粉后将金属粉熔炼并块、电解分离各种金属。二是以化学方法为主的化学技术。将线路板、触点等废弃电子产品与盐酸、硝酸、硫酸或它们的混合物、氰化物溶液等进行反应，使各种有价值金属进入溶液，通过还原或电解方式回收金属；不溶物则作为固体废弃物，采用掩埋、焚烧等方式进行处理。

废弃电子产品资源化一般流程如图1-1所示，废弃电子产品资源化处理企业通过处理废弃电子产品获得玻璃、金属、塑料等一些资源和经过翻新可以使用的部件，实现可观的经济效益，同时减轻环境负担和社会负担。

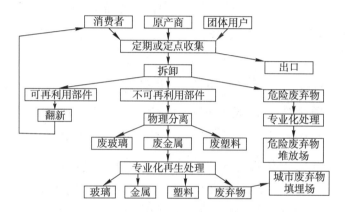

图1-1 废弃电子产品资源化一般流程

因此，废弃电子产品的资源化过程包含两层含义：重新使用，即对废弃的电子产品进行修理或升级以延长其使用寿命；循环再生包括拆解的元器件的回收重用和物料的回收利用（童昕，2002）。

目前我国废弃电子产品增长迅速，产量巨大，废弃电子产品作为一种新的资源的赢利空间正被越来越多的人关注（陈光，2007），但我国对其处理方式、利用率、技术研发程度比不上欧盟、日本等发达国家和地区。2010年全球WEEE生产、处理、再利用和进出口情况估计如表1-1所示。

表 1 - 1 2010 年全球 WEEE 生产、处理、再利用和
进出口情况估计[a]

单位：百万吨

国家/地区	年产量	填埋、存储和焚烧	国内回收再利用[b]	年出口量	年进口量
美国	8.4	5.7	0.42	2.3	—
欧盟	8.9	1.4	5.9[c]	1.6	—
日本	4.0	0.6	2.8	0.59	—
中国	5.7	4.1	4.2	—	2.6
印度	0.66	0.95	0.68	—	0.97
西非	0.07	0.47	0.21	—	0.61

资料来源：Handling WEEE waste flows，Int. J. of Adv. Manuf. Technol.，（2010），Vol. 47，pp. 415 - 436。

a 从回收再利用的趋势来看，一部分在国内或区域内填埋焚烧处理，一部分出口到发展中国家和地区，剩余的部分通过翻新修理等各种方法再利用或直接再利用。

b 在中国、印度和西非区域内，假定本国或区域内废弃电子产品产量加进口的总和的 30% 进行循环再利用。

c 在欧盟境内，假定其废弃电子产品产生总量的 66% 进行循环再利用。

第二节 国内外相关研究现状及分析

一 废弃电子产品的管理

废弃电子产品形成是基于生产 - 市场 - 消费等流程，普遍认为废弃电子产品应由生产企业进行生产后进入市场被消费者购买，而且认为城镇区域购买力高、乡村地区购买力相对较低，国际大品牌市场占有率高于国内普通各品牌。国外学者运用交易费用理论，主要指近代西方交易费用理论的探讨，并通过交易费用理论研究对经济生活的影响，包括消费者废旧产品处理模式（Sinha - Khetriwal D，2005）、运营模式（Gottberg A，2006）以及电子废弃物回收管理的环境影响评价体系，共同特点都是利用评价手段对处理模式以及对环

境影响进行分析。

西方经济学中研究侧重点在于市场经济条件下产品形成的过程，近年来欧盟、美国、韩国及日本等发达国家和地区相继制定并实施了《废弃电子电气设备指令》（WEEE 指令），国际上废弃电子产品的处置方式大多是参与资源的再生利用。

国内也有学者运用交易费用理论（王兆华，2005）、环境伦理、企业环境责任（王虹等，2005；袁增伟，2007）、经济价值分析（李强，2006）、消费类电子企业核心关键技术发展路径研究（蒋兵、朱方伟，2010）等理论研究废旧电子产品形成的各个方面。在产品回收管理体系概述领域，研究者从单一国家到多国之间对比、全球性区域对比等角度，运用定性研究、案例研究等主要方法，对全球废弃电子产品管理模式和体系展开了包括 EPR、产品回收和循环利用流程、电子垃圾法令等实施现状的概括，回收体系中各种问题的识别，以及对立法和各种促进机制的对比和探讨等研究。

自 2006 年《废弃家用电器与电子产品污染防治技术政策》在我国实施以来，在回收电子垃圾方面起到了一定的推动作用，但没有从根本上改变我国目前"小作坊"处理为主的回收状况，因此废弃电子产品对环境造成的污染远远大于贡献，所以，要从根本上解决我国废弃电子产品处置方式，必须依法推动电子废物回收利用企业逐步向集约化、规模化、产业化方向发展，形成稳定长效的协同机制。

另外，还有些学者的研究集中在废弃电子产品管理绩效评价体系（J. 凯瑞，2008；Hai‐Yong，2006）上，多位学者研究的重点以及争议中心多集中在绩效指标的制定与评价上。行业回收管理绩效评价方法领域，主要研究包括废弃电子产品处理和再生利用的综合指标体系，基于环境影响的评价体系，主要动力机制识别和管理绩效评价体系等，主要运用生命周期评价、物质流评价方法，结合定性、定量分析，为政府管理、激励政策制定等提供理论依据。

二 废弃电子产品的预测

电子产品废弃量的波动是随时间变化的，是指商品的绝对废弃量或相对废弃量在持续不断的运动中表现出来的形态，由多种因素构成，并且这些构成因素也处在不断变化中，必然导致废弃量也随之发生变化。所以，废弃量波动变化是必然的，这就需要我们了解电子产品废弃量波动的规律和发展趋势。

目前国内外相关研究还缺乏完善的电子废弃物回收体系与资源化和无害化处置体系，电子废弃物的基础性研究工作还比较薄弱。研究多把废弃量不断变化的影响因素归为以下 6 类：

1. 供给与需求原因

2000 年以前，手机、电脑还属于奢侈品及高端消费品，普通老百姓是买不起的，市场上的流通率很低，供给需求也都很少。随着电子技术的提高、制造成本的大幅降低，2000 年以后手机、电脑等电子产品逐步走进千家万户，成为了生活必需品，使得供给与需求都大幅提高，从供不应求发展到基本平衡，再到逐渐供过于求的状态。

2. 成本与价值原因

学者对成本与价值的研究多集中在废弃电子产品处理现状分析（刘博洋，2007）、逆向物流研究（夏云兰等，2007）和电子废弃物的逆向物流管理模式（Doald I. Lyons，2007），电子废物产生量（Ossian & Noncom，2007）上，特别强调了成本下降的是废弃量激增的主要原因，是当代企业间竞争的聚焦点。

3. 流通与贸易原因

研究人员着眼于全球市场化的推行，认为商品流通变得更加方便与价格低廉，这使得消费者有更多的选择权可以购买更多的产品，也给电子产品废弃量持续扩大造成了隐患。从2000年开始，我国进口家电产品的综合平均价格持续降低，受其影响，国内家电产品价格亦走低，正如再生利用管理体系研究（C. Hicks，2005；R. Hastier，2005）中所阐述的。

4. 市场信息服务体系原因

市场信息服务体系也是电子产品废弃量变化的影响因素，刘铁柱（2006）认为市场信息服务对废弃电子产品回收有较大的影响，造成企业盲目生产，一旦信息不准确，就会造成产品大量积压的局面。

5. 宏观经济原因

针对废弃电子产品处理过程环境影响评价（徐振发，2006）和生产者责任制度（刘冰、梅光军，2006），行业产品回收和处理运营模式研究中强调宏观的影响和环境的评价分析，有政策面、国际国内经济面和企业之间的各方面原因。

6. 品种结构原因

电子产品属于技术密集型产品，由于产品生命周期缩短，电子产品的技术革新以及消费者需求的多样化，企业需要不断地将产品更新换代以求得在市场竞争中获胜。周期短、更新速度快，已成规模化效应，随着消费者收入水平和购买能力的提高，高层次生活需求会越来越强烈，也促进了电子产品的消费。

统计显示，手机每年更换率约为40%，电脑更新速度也加快了很多，正如电脑CPU在短短的几年间已从最初的奔腾Ⅱ经历了奔腾Ⅲ、奔腾Ⅳ到现在的双核处理器，这些技术更新给我们带来便利的同时也产生了大量的电子垃圾。

三 废弃电子产品资源化的评价

我国废弃电子产品资源化处理行业分析显示，对已经进入回收领域的废弃电子产品处理途径有：一是再利用或者反复利用废弃电子产品拆解下来的部件；二是资源循环，通过废弃电子产品资源化处理技术回收废弃电子产品中有价值的材料，如玻璃、塑料、金属等，这种途径是未来废弃电子产品资源化行业发展的主要途径和必然选择。

从国际上看，国外多数国家在废弃电子产品管理方面引入了生产责任制度（2009～2010年行业研究报告），即谁生产了电子产品并销售到市场，谁就要对这一电子产品从生产过程到使用寿命结束负责，从而达到共同控制和治理废弃电子产品污染的问题。当前，许多发达国家已经立法，要求在制造电子产品时采用环保材料，以便将来使用寿命结束后进行电子产品的拆解、回收处理和再利用。发达国家政府已经相当重视废弃电子产品的处理，出台了废弃电子产品处理的政策、法律法规并给予了资金支持，而我国经济发展迅速，废弃电子产品数量也以惊人的速度增长，但缺乏规范的废弃电子产品的收运、处置方式，废弃电子产品资源化技术远落后于发达国家（闫学斌等，2009）。

国内还缺乏完善的废弃电子产品回收体系与资源化和无害化处置体系的相关研究，废弃电子产品的基础性研究工作还比较薄弱。相关研究主要集中在废弃电子产品处理现状分析（刘博洋，2007），废弃电子产品保有量、报废量估算（刘小丽，2005；金志英，2006；张默，2007；宋旭，2007）以及针对废弃电子产品处理过程环境影响评价（徐振发，2006），生产者责任制度（刘冰、梅光军，2006）和废弃电子产品回收管理体系，逆向物流（刘铁柱，2006；夏云兰等，2007）等方面。国内也有学者从交易费用理论（王兆华，2002）、环境伦理、企业环境责任（王虹等，2005；袁增伟，2007）、经济价值分析（李强，2006）、消费电子企业核心关键技术发展路径（蒋兵、朱方伟，2010）等角度研究废弃电子产品的各方面。

技术经济评价研究方面，国内外研究主要有：陶建宏应用生命周期清单分析法，构建了评价产品绿色度的步骤和模糊评价矩阵（2005）；王玲等分析了电子电器产品污染物替代技术，提出了无铅电子产品设计的可行性（2006）；刘志峰等在对绿色产品评价时涉及技术、经济、环境等众多指标，而评价指标既有定性指标、定量指标，又有模糊指标（2007）；孙静等考察了废弃电子产品的回收定价策略（2010）；葛新权（2007）构建了电子电器产品等6类消费类产品有毒有害物质预警分析系统；王景伟等认为废弃电子产品资源化产业在美国已经初具规模，并且进入了快速发展时期，该产业不仅创造了一定的经济效益和环境效益，而且创造了新的就业机会（2003），足以说明废弃电子产品资源化产业化具有明显的经济效益、环境效益和社会效益；Xianbing Liu等（2009）对废弃家用电器的三种典型回收循环流程进行经济评价，来判定废弃家用电器回收循环处理流程的经济可行性；Keith A.

Brown 等（2000） 对 PVC 垃圾管理进行了经济评价。

探讨国内外废弃电子产品危害以及处理状况的研究包括：废弃电子产品的管理、回收利用、回收利用技术等问题，如消费类电子产品污染给全球生态环境造成了严重影响，引起世界范围的高度关注（张景波，2004；郑良楷等，2006；王勇等，2006）；电子信息产品污染管理的核心内容是有毒有害物质的控制（RoHS 专题，2006）；葛新权（2007）构建了电子电器产品等 6 类消费类产品有毒有害物质预警分析系统；文献分析和实际调查表明，如何有效地加强消费类电子产品有毒有害物质管理，已经成为目前最为关注的焦点和亟待解决的问题（刘志峰等，2007；刘妍等，2007）。

在废弃电子产品中的有毒有害物质污染分析评价与绿色安全评价方面，有毒有害物质含量是学术上电子产品绿色评价的一个核心指标，也是一般意义上绿色度的反映。目前国内外相关研究集中在电子产品和供应链绿色评价方面，主要方法有成本效益法、价值工程评价法、加权评分法、层次分析法、模糊评判法、数据包络分析方法、生命周期评价方法等。苏庆华（2003）、陈德清（2003）、罗齐汉（2005）等运用模糊层次分析法评价产品绿色度；孙海梁（2003）运用层次分析法和线性加权法测算了机电产品的绿色度；刘英平（2005）等在分析绿色产品评价指标体系的基础上，对数据包络分析模型进行改进，计算每个产品的绿色度评价指数；张雪平（2005）等运用层次灰色关联分析技术综合评价了电除尘器的绿色度。

此外，部分学者将生命周期评价法应用于产品绿色度评价中。向东（2002）提出了绿色产品评价的生命周期模型；

陶建宏（2005）应用生命周期清单分析法，结合模糊评价理论和产品的绿色属性特征，构建了评价产品绿色度的步骤和模糊评价矩阵；鲁奇（2006）以全生命周期评价方法建立建筑产品绿色度评价体系。

四　研究现状分析

从上述国内外研究现状与分析可知，前人已经在废弃电子产品回收、预测、废弃电子产品资源化技术经济评价以及废弃电子产品资源化走向产业化建设等相关领域做了大量的工作，积累了大量方法与实践经验，这些研究都对本书研究颇有启发。

（1）废弃电子产品资源化预测研究已经具有相当基础，但多是定性研究，集中在废弃电子产品回收中所预计产生的经济价值和消费者行为等宏观研究；大量的研究成果着眼于个别因素或单因素分析，没有将影响废弃电子产品资源化的主要因素综合考虑，尤其是通过预测模型进行预测分析。目前，对我国废弃电子产品资源化预测的实证性分析尚待实际资料和实证研究加以证实。

（2）废弃电子产品管理的核心内容是无害化和资源化管理，国内外相关法规、标准、指令的限制主要集中在有毒有害物质的控制上。国内学者在废弃电子产品资源评价方面做了部分工作，废弃电子产品资源化潜力和污染形态方面的研究还很少；尽管大多数学者都意识到了废弃电子产品资源化回收处理带来巨大的经济效益、环境效益以及社会效益，但未能从技术经济评价的角度出发构建完整的技术经济评价指标体系，并用模型进行评价和实例论证；大量研究成果没有涉及影响废弃电子产品资源化技术经济评价的因素，没有综合考虑，而是针对个别因素进行分析，并且实证性分析还缺乏必要的实际资料加以验证。系统地提出废弃电子产品管理的体系建设、产业化发展模式、社会监管和法规制度等理论、方法和建议，以合理指导废弃电子产品资源化建设，仍是国内研究者的紧迫任务。

（3）国内外学者在电子产品的绿色评价方面主要以指标权重法为基础，且未达成一致观点，电子产品有毒有害物质污染评估方面未见相关报道。对废弃电子产品资源化的技术经济评价集中在废弃电子产品再生资源化，分析了基于生产商延伸制的废弃电子产品再生资源化运作体系，侧重于政策发挥、经济保证机制和利益相关者协调关系。技术经济评价应用于能源开发、环境研究、技能技术、建设项目等领域的研究比较丰富，可以为建立废弃电子产品资源化的技术经济评价体系和模型提供依据和借鉴。

第三节 研究思路与创新

一 研究思路

本书在研究废弃电子产品资源化潜力预测的基础上，评价资源化过程的经济性和与生态有关的有毒有害物质情况。

首先，从废弃电子产品资源化潜力预测的一般性定义出发，建立废弃电子产品预测问题的概念模型；对概念模型中所涉及的概念进行详细研究，提出每个概念的形式化定义。从废弃电子产品废弃量形成的历史角度，对中国废弃电子产品的形成过程进行分析，以期建立废弃电子产品预测的时序模型、灰色模型；在废弃电子产品形成的基础上，研究废弃电子产品宏观废弃量时间序列特征的因果关系，建立相应的预测模型，包括基于遗传算法的神经网络预测模型和基于估计分析的斯坦福模型、卡内基·梅隆模型、市场供给模型等。结合信息系统工程方法设计并完成相应模型的算法，完成废弃电子产品资源化潜力预测系统的开发，以便为市场主体进行深层次信息服务。据此思路，研究由以下四大部分组成，如图 1 - 2 所示。

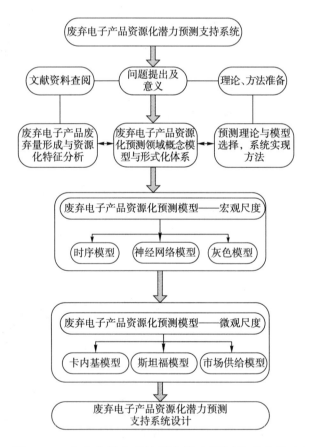

图 1 - 2　废弃电子产品资源化潜力预测的研究思路

其次，在调查研究、收集整理资料，跟踪国内外最新研究成果，以及对国内外现有的同类研究进行分析与简评的基础上，形成论题。进而归纳总结对废弃电子产品资源化进行技术经济评价的问题识别和概念设计以及建模，以此来确定废弃电子产品资源化的技术评价体系及其评价选择的相关概念、理论及模型。构建废弃电子产品资源化的技术经济评价指标体系及其应用的相关模型，探讨对废弃电子产品资源化技术评价模型选择的标准和应用的意义。接着，以实地调研为基础，进行数据收集、处理及整理，并对废弃电子产品资源化的技术经济评价进行研究，提出对废弃电子产品资源化的技术评价完善的措施和意义。研究思路如图 1 - 3 所示。

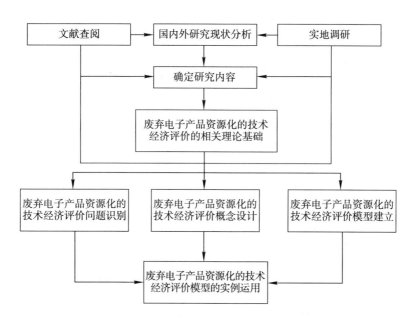

图 1 - 3 废弃电子产品资源化技术经济评价的研究思路

最后，借鉴知识管理、计算机应用等学科理论和方法，采用规范研究和实证分析相结合、宏观与微观研究相结合、定量研究和定性分析相结合的方法，围绕废弃电子产品有毒有害物质进行系统化、规范化和程序化的研究，将主成分分析和模糊聚类分析的方法相结合，克服了以往研究方法的不足和缺陷，增强了评价结果的准确性和客观性，提高了研究的实践意义。废弃电子产品有毒有害物质评价的研究思路如图1－4所示。

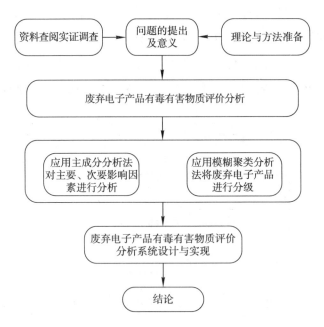

图1－4　废弃电子产品有毒有害物质评价的研究思路

二　研究创新

本研究采用规范研究和实证分析相结合、宏观与微观研究相结合、定量分析和定性分析相结合的研究方法，研究视角独特，研究范畴与我国社会经济发展的实际问题结合紧密，科学地指导废弃电子产品资源化的技术经济评价体系和模型的构建与发展。

基于逆供求理论、灰色系统、BP 神经网络等建立了基于时间序列模型、灰色预测模型和神经网络模型的资源量预测模型。将估计理论与预测学相结合，应用于废弃电子产品宏观废弃量的分析，引入斯坦福模型、卡内基·梅隆模型模型和市场供给模型进行对比分析，开发了基于废弃电子产品资源化潜力预测的支持系统。

运用系统理论，根据系统思想确立技术经济评价的导向、系统分析确立技术经济评价的内涵和系统方法确立技术经济评价的方法，保证本研究的科学合理性和先进实际性；完成对废弃电子产品资源化的技术经济评价的概念模型和形式化体系；根据客观性和主观性科学协调的原则，构建出废弃电子产品资源化的技术经济评价体系，应用相关模型进行了实例验证。

根据国内外法规标准和检测数据所规定的 6 种有毒有害物质，构建废弃电子产品有毒有害物质污染评价指标体系；运用主成分分析和模糊聚类分析对废弃电子产品有毒有害物质污染进行分析评价；通过分析评价废弃电子产品有毒有害物质，为提出废弃电子产品有毒有害物质污染的有效改善建议提供技术支持。

第一篇
废弃电子产品资源化预测

第二章
废弃电子产品资源化预测的领域识别

第一节　领域问题的识别思想

　　领域问题识别思想是分析废弃电子产品资源化潜力预测支持系统所面临的领域问题，抽象出领域问题的主要因素，形成概念模型，并采用形式化方法，形成领域问题形式化体系，最终将现实世界中的问题转化为一种计算机可以识别的模式，产生可复用的构件。

　　废弃电子产品资源化潜力评价预测是根据我国计算机、手机、电视机、空调、洗衣机、电冰箱等消费类电子产品的生命周期特点、循环回收特征，对废弃电子产品中铜、铝等有色金属和金、银、钯等贵重金属以及其他可回收物进行资源化潜力预测分析。废弃电子产品预测模型能够对废弃电子产品预测环境的各组成要素的相互关系以及变化规律进行抽象表述，并能基于模型对未来废弃电子产品废弃量、保有量进行预测，以准确、及时、全面、系统的预测信息为依据，运用定量分析手段推算预测结果。

　　领域系统可以看成一种知识获取的系统，本书研究借鉴

DSSA 方法思想，主要分为以下 5 个步骤：

（1）领域范围定义，用户感兴趣的领域及需要满足客户的需求。

（2）定义领域的特定元素、识别与领域术语字典。

（3）定义领域特定设计，描述领域求解的差别性。

（4）领域模型的构架，说明元素或构件的语法与定义。

（5）产生可复用的构件。

第二节　领域问题的概念模型

废弃电子产品资源化潜力预测是预测者为了实现预测目的，根据废弃电子产品废弃量、资源量的变化规律，对不同地区手机、电脑、洗衣机、冰箱、电视机等信息资料进行科学的分析，以期对未来变化趋势做出有预见性的定量描述而制订方案的一系列活动。

废弃电子产品资源化潜力预测包括 5 个方面：

（1）提出并分析废弃电子产品预测问题，确定预测的目的与任务，包括废弃电子产品资源化预测问题具体的预测指标、预测内容、预测方法和基本数据图表。

（2）确定废弃电子产品预测的构思，收集相关数据资料，根据预测问题的识别及确定的目标制订预测思路。为了更好地完成预测，在数据不完整时可以通过 Matlab 进行插值运算或者通过相关合理的方法进行数据加工处理。

（3）设计与调整预测模型，针对所研究预测问题的特点，选择适合的一种或几种预测模型并进行求解和实证分析。

（4）评价废弃电子产品资源化潜力预测系统的结果，首先通过预测模型比较对结果做出解释；其次进行资源化潜力评价、系统效率分析及系统经济、社会、环境的探讨。

（5）形成最终的预测报告。废弃电子产品资源化潜力预测涉及电子产品废弃量、资源量、预测者、预测目的、废弃量变化规律、资源量发展趋势、信息资料、预测方法、预测理论、预测结果等。可以把废弃电子产品资源化潜力支持系统中各领域问题的组成界定为预测主体、预测环境、预测需求、预测模型、预测信息、预测对象、预测结果。领域问题的具体概念模型如图2－1所示。

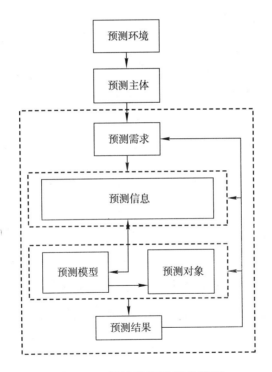

图2－1 领域问题的概念模型

第三节 废弃电子预测领域问题的识别

废弃电子产品资源化潜力预测系统需要从领域问题的识别中抽象出概念进行形式化的描述，形成明确一致的领域问题形式化体系，包括我国回收体系建立提出的相关意见（王松林，2005；罗宇，2006）。

一 预测问题与预测主体

1. 预测问题

废弃电子产品废弃量预测问题是由预测主体、预测环境、预测需求、预测模型、预测信息、预测对象 6 元素及其之间的相互关系形成的一个问题空间，称之为所研究的领域，记为 P，

$$P = \{ P_{subject}, P_{environment}, P_{demand}, P_{model}, P_{information}, P_{object} \} \quad (2-1)$$

其中，$P_{subject}$ 表示预测主体类；P_{demand} 表示预测需求类；$P_{environment}$ 表示预测环境类；P_{model} 表示预测模型类；$P_{information}$ 表示预测信息类；P_{object} 表示预测对象类。

2. 预测主体（$P_{subject}$）

预测主体是在电子产品市场运行中对废弃电子产品资源化潜力预测信息有需求的人或组织，对于任一 P，都具有交互、提出需求和根据需求得出结果采取相应行动的能力。

$$\text{Class } P_{subject}\{\text{Property User\_ Model}//用户模式$$

$$\{P, P_{subject}\}$$

$$\text{Method}$$

$$\text{Require}(P_{subject}) \quad //提出与识别需求的能力$$

$$\text{Collect}(P_{information})//从环境收集信息的能力$$

$$\text{Act ( )}//根据预测结果采取行动的能力\} \qquad (2-2)$$

其中，属性（Property）用于描述具体预测主体的用户模型，主要描述主体的基本特征、主体的差异，方法（Method）则描述预测主体所具备的能力。

在实际经济活动中，根据废弃电子产品市场主体在经济活动中所扮演角色的不同，预测主体可以进一步划分为两个子类（金志英等，2006）。

第一类：全国电子生产厂商，是废弃电子产品的主要来源，即将废弃电子产品的生产者作为废弃电子产品回收和资源化的主要供应源。

第二类：回收机构、回收企业，作为废弃电子产品主要来源的补充。

二　预测环境与预测信息

1. 预测环境（$P_{environment}$）

废弃电子产品通过供求关系自动调节价格，受到一定条件和因素的约束限制，这些因素相互作用构成了废弃电子产品预测环境。主要反映供给、需求、贸易与流通、通货膨胀和其他因素对废弃电子产品形成的影响。

（1）供给因素

影响废弃电子产品供给方面的因素包括生产量、生产成本、科技进步等。它们对废弃电子产品资源化有不同的影响。

（2）需求因素

影响废弃电子产品形成的需求因素包括需求量、人均收入、人口总量等。它们对废弃电子产品资源化的影响基本是一致的。

（3）贸易与流通因素

影响废弃电子产品的贸易与流通因素，在促进资源合理配置和丰富国内市场等方面是影响废弃电子产品资源化的重要因素之一。

（4）通货膨胀因素

通货膨胀因素反映了货币因素对废弃电子产品回收价格和回收量的影响。由于回收废弃电子产品主要是提取其中有价值的材料，如金、银、铝等，所以很大程度上取决于金、银等在期货市场中价格的高低。

（5）其他因素

包括消费者个人偏好、地区差异、资源因素、市场因素、期货因素、制度因素等。

废弃电子产品预测环境可以表示为：

$$P_{environmet} = Environment\ (\text{Demand}，\text{Supply}，\text{Trade}，\text{Information}，\text{Others})$$

$$(2-3)$$

其中，$Others$ 表示电子产品废弃量的其他影响因素。

2. 预测信息

废弃电子产品预测环境下包含各类因素的时间序列，描述了废弃电子产品预测环境的状态，即预测信息。预测信息是预测环境中，各变量 $P_E(i)$ 运行在一系列时刻后（t_1，…

t_j，$\cdots$，t_n 为自变量，且 $t_1 < \cdots < t_j < \cdots < t_n$），对其进行观察和测量所得到的离散有序数集合，为：

$$P_{information}(i)_1,\ P_{information}(i)_2,\ \cdots,\ U_{information}(i)_N \qquad (2-4)$$

三　预测需求

1. 预测需求 U_R

预测需求反映预测主体在一定条件下，根据预测环境未来状态判定其在心理上、主观上的需求，从而为废弃电子产品提供预测服务。预测需求分为两个部分：任务需求、评价需求。其形式化定义可表示为：

$$P_{demand} = \{ MN,\ ER \} \qquad (2-5)$$

2. 任务需求 MN

任务需求是对预测内容和目标的说明，即预测对象。表示为：

$$MN = P(\ Species,\ Regional,\ Time,\ Stage)_t \qquad (2-6)$$

下标 t 表示所要预测的是废弃电子产品废弃量、资源量在 t 时刻或某个区间的状态。具体包括如下 4 类：

（1）$Species$ 类

$Species$ 类表示所要预测的废弃电子产品的种类属性，包括规格属性，可以分为计算机、手机、电冰箱、空调、洗衣机、电视等类别。

（2）$Regional$ 类

$Regional$ 类表示所要预测的废弃电子产品废弃量、资源量的区域属性和废弃电子产品的区域差价。包括所要预测的废弃电子产品生产、销售、回收所在的区域，分为各地区的保有量、废弃量、资源量和全国范围内的保有量、废弃量、资源量。

由于电子产品的种类不同，我国废弃电子产品消费的地域差异很明显，地区间废弃电子产品的保有量、废弃量也存在很大差异。中西部地区废弃电子产品消费水平远远低于东部地区和经济发达地区的消费水平，大城市废弃电子产品回收利用水平远远高于小城市的回收利用水平。

（3）*Time* 类

Time 类表示所要预测的废弃电子产品废弃量、资源量的时间属性，用于反映时间对废弃电子产品的废弃量、销售量、保有量、资源量变化的影响程度。如长期销售量、废弃量是指销售量、废弃量的年度、季度间波动及长期趋势变化。短期销售量是指在一个销售季节内，销售量每月、每周发生的变化。

（4）*Stage* 类

Stage 类表示所预测的废弃电子产品所处不同历史阶段的保有量、废弃量、资源量。由于废弃电子产品的生命周期以及消费者使用电子产品的时间和个人偏好的差异，废弃电子产品又可以分为报废前废弃量、完全报废后废弃量。

3. 评价需求 *ER*

预测模型评价阶段的任务是对预测模型的计量结构进行实证，形成最终的经验结构。包括预测模型检验、预测模型分析、预测模型求解三项内容，主要检验模型估计量的稳定性以及模型可否用于样本观测值以外的范围。

评价需求反映预测主体要求实现预测任务必须达到的一些要求或满足的一些条件,即:

$$ER = P(Time, Error, Cost) \qquad (2-7)$$

预测评价原则上考虑三方面:预测速度即完成预测任务所花费的时间,不能超过规定的范围;预测质量反映预测主体对预测结果要求的准确程度;预测所花费成本反映预测过程中收集信息等耗费的成本。

评价需求可以用优化模型来表示:

$$\max \quad P_{demand}$$
$$\begin{cases} E[Time(P)] \leq \alpha \\ E[Error(P)] \leq \beta_{max} \\ \xi_{min} \leq E[Cost(P)] \leq \xi_{max} \end{cases} \qquad (2-8)$$

$E(i)$ 表示预测主体对第 i 个指标的期望值, α, β_{max}, ξ_{min}, ξ_{max} 分别为不同的上下限。

四 预测模型

1. 预测模型形式化定义

废弃电子产品资源化潜力预测模型是预测支持系统的核心,能够对废弃电子产品预测环境的各组成要素之间的相互关系以及变化规律进行抽象表述。模型是能够接受一定的输入,并对输入信息进行分析处理,最后输出处理结果的结构(梁晓辉,2009;刘博洋,2007),即将模型划分为输入、输出和分析几部分。在实际应用中,模型总是应用于特定的条件下,而且分析部分又可细分为结构与算法。

实现预测环境状态的转移过程如下。

$$P_{Model} = Model(P_{input}, P_{analyse}, P_{output}) \qquad (2-9)$$

P_{input} 表示模型使用的前提调价与情况即预测信息的输入；$P_{analyse}$ 表示模型的分析 $P_{input} \rightarrow P_{output}$ 的转移过程。

2. 预测模型构造

预测模型的构造过程分为三个阶段：概念设计（Conceptual Design）、模型建立（Model Development）、模型评价（Model Evaluation），如图 2-2 所示。

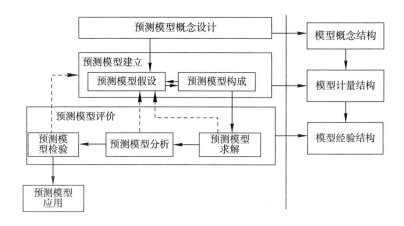

图 2-2　预测模型的构造过程

第一阶段是预测模型概念设计。该阶段的任务是形成预测模型的形式化定义。主要是模型的概念结构算法，根据相应的理论，了解实际背景，弄清对象的主要特征。

第二阶段是预测模型建立。该阶段的任务是对废弃电子产品预测环境进行分析。这个过程主要包括两个步骤：模型假设与模型构成。

模型假设与模型构成是根据特征和建模目的，忽略次要因素，做出必要的假设，然后使用数学的语言构成模型，用符号描述对象的规律，得到数学结构形式，将其细化并具体实现。

第三阶段是预测模型评价。该阶段的任务是对预测模型的计量结构进行实证，形成最终的经验结构。

该阶段主要任务是评价模型的有效性。分为三个步骤：预测模型求解、预测模型分析、预测模型检验。模型求解是使用计量经济学软件计算模型；模型分析是对模型求解结果进行数学分析和经济学分析；模型检验是对其稳定性等进行检验。

3．预测模型选择

由于现实世界的复杂性，任何一种预测方法和预测模型都不能够完全准确地预测出对象的发展变化情况（卢方元，2000）。所以选择一个适合研究内容的预测模型是极其重要的。一般来讲，对定性预测方法或定量预测方法的选择，要根据掌握资料的情况确定。当掌握的资料不够完备、准确程度较低时，可采用定性预测方法；当掌握的资料比较齐全、准确程度较高时，可采用定量预测方法。

当仅要求掌握预测对象重要经济统计指标的时间序列资料，并只要求进行简单的动态分析时，可采用时间序列预测法、估计预测法。预测模型选择是根据预测评价需求、预测目的及预测信息的完备程度对预测结果的有效性、无偏性及预测模型的稳定性进行评价，以选取最优模型的过程。预测评价模型如下。

$$P_{evaluation} = Appraisal(U_{Model} \mid U_{ER}, \ U_{information}) \qquad (2-10)$$

Appraisal 表示预测评价方法。

4. 预测模型评价

预测评价主要有两种方法：一种是误差判定法，即把所估计的模型用于样本以外某一时期的实际预测，并将这个预测与实际观察值进行比较，检验其差异的显著性；另一种是基于信息调整的判定方法，即利用扩大样本的办法重新估计模型参数，并与原参数估计值进行比较，检验其差异的显著性。

对本书所建立的废弃电子产品资源化潜力预测系统的评价主要从系统性能要求、系统使用便捷性要求、系统安全要求、系统集成扩展要求四个角度进行（罗乐娟，2004；陈魁，2006）。

（1）系统性能要求是对系统整体运行的常规性要求，从软件、硬件的角度对系统进行基本评价，带来可观的经济效益和深远的社会效益。

（2）系统使用便捷性要求是从用户使用者的角度对系统应用方面进行评价分析，从可行性的角度对系统进行检验。

（3）系统安全要求针对不同的研究对象、安全级别和安全考虑严格度是不一样的，所以安全性既是系统评价的常规要求，又是针对废弃电子产品预测这个研究项目的特殊考虑。

（4）系统集成扩展要求考虑到了系统的通用性，使得系统可以应用到更广泛的使用空间中，降低系统的开发成本，有利于废弃电子产品资源化预测问题的推广应用。

第四节　小结

本章借鉴领域工程思想，建立废弃电子资源化潜力预测系统问题的概念模型，并完成预测模型形式化体系定义。

（1）废弃电子资源化预测领域问题由 7 类元素构成，领域问题求解时通过 7 类元素的相互关系和一系列的中间状态实现。包括预测需求的识别、预测模型构造与选择、预测信息收集、预测对象确立、预测结果的评价。废弃电子资源化预测环境是对电子产品废弃量和资源量形成过程的解释，由供给因素、需求因素、流通和贸易因素组成。

（2）预测需求反映了预测主体对废弃电子产品资源化潜力预测任务的信息需求情况，分为任务需求、评价需求两个方面。废弃电子产品资源化潜力预测模型是预测支持系统领域问题求解的核心所在。由预测信息、预测对象、适应条件、结构与其相应的算法构成，分为定性预测和定量预测模型两大类。预测模型的构造分为：模型概念设计、模型建立、模型评价。

第三章
废弃电子产品资源化预测模型构建

由于现实世界的复杂性，任何一种预测方法和预测模型都不能完全而准确地预测出所面临问题的变化和发展情况，所以选择一个适合研究内容的预测模型是极其重要的。所以，预测模型的选择需要根据具体情况、实际应用需求来确定，并要根据不断变化的现实环境反复进行模型对比分析，选择最适合当前环境的预测模型。

根据废弃电子产业回收利用技术的特点和需求，采集有关政府机构、企业和科研机构中的相关信息，包括产品信息、销售量信息、资源量信息、废弃量信息、价格信息等，对这些信息进行数据化处理，并与预测模型集成，形成预测系统，进行废弃电子产品资源化潜力预测研究。

面对当今市场丰富多变的特点，预测模型要想成为能与电子产品生产企业互动的一个过程，可采用时间序列模型、灰色模型、神经网络模型、斯坦福模型、卡内基·梅隆模型、市场供给模型。通过规范化、科学化、数字化的管理和服务，对模型是否可以满足需求进行检验，为进一步改善模型的设计提供帮助。

第一节　卡内基·梅隆模型

卡内基·梅隆模型考虑到需要处理的废弃电子产品是具有生命周期特点的消费者行为，定义了消费者从购买产品到产品生命周期终点的路径（林逢春、王钰，2003），这些路径如图3－1所示。

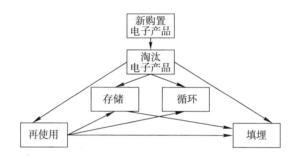

图3－1　电子产品从购买到生命周期终点的流程

该模型设定了电子产品在废弃（对最初消费者失去使用价值）后有再使用（作为二手产品使用）、循环（废弃产品零部件再利用及资源化回收）、储存（闲置）和填埋（最终废弃）4种不同处置方式，并且赋予每种处置方式一定的比例，从而计算出电子产品的循环量、再使用量、储存量和填埋量（刘小丽等，2005）。具体应用如图3－2所示。

该模型可以应用于电脑、手机、洗衣机、冰箱、电视机、空调等具有生命周期特点的家电产品，设定电脑、手机使用期限为3年，根据电子产品废弃后将进入再使用或储存阶段的情况，设定废弃电子产品期限，在此之后，由于进入再使用阶段的可能性很小，因此认为在储存阶段后所有的废弃电子产品都进入循环或填埋阶段，废弃电子产品填埋量为最终废弃量。

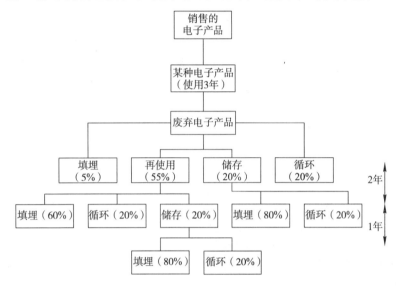

图 3 - 2　基于卡内基·梅隆模型的流程

选取《中国统计年鉴》（2003～2009）中关于电脑的统计量作为已知数据，预测 2010～2012 年的电脑废弃量、再使用量、循环量、储存量及填埋量，预测结果见表 3 - 1。

表 3 - 1　基于卡内基·梅隆模型的估算

电脑废弃量、再使用量、循环量、储存量及填埋量的预测（万台）					
年份	废弃量	再使用量	循环量	存储量	填埋量
2010	571. 45	371. 44	82. 70	149. 59	223. 34
2011	946. 51	615. 23	130. 13	238. 16	317. 79
2012	1064. 30	691. 80	159. 89	287. 14	460. 07

从表 3 - 1 可以看出，2010～2012 年电子产品废弃量总体呈增长趋势，2012 年的填埋量是 2010 年的 2 倍。可知，

由于电脑的销售量正处于快速增长状态，在未来几年废弃量也将随之不断增长，在废弃电子产品总量中占的比例将越来越大。手机、电冰箱、洗衣机等具有生命周期的电子产品的消费量、废弃量将在未来 10 多年继续增加。

由于卡内基·梅隆模型是对废弃电子产品根据不同的处置方式进行分类预测，考虑了从新电子产品对最初消费者失去价值到该电子产品最终废弃过程中的所有阶段，针对预测对象需要考虑产品的生命周期等特点的情况，该模型可以弥补其他模型中未包含填埋和循环阶段废弃量的不足，使预测结果更为准确。所以，我国电子废弃物产生量预测在电子产品保有量未达到饱和状态前，都可以考虑在调查消费习惯的基础上利用卡内基·梅隆模型进行计算。

但由于我国正处于电子产品高速发展期，如手机从无到有、从高档奢侈品到普通消费品的过渡，再加上消费者对手机的使用习惯趋于多样化，电子产品废弃量预测存在很大的难度。

第二节 斯坦福模型

斯坦福（Stanford）模型考虑了电子产品寿命期分布随时间的变化，即

$$QW = \sum_{i=0}^{n} S_i \times P_i \qquad (3-1)$$

S_i 为从该年算起 i 年前该产品的销售量，P_i 为该产品用过 i 年废弃的百分比，n 为该产品的最长寿命期。该模型特别适合于估算电脑、手机等淘汰速度变化很快的 IT 产品，其

关键点在于 P_i 的值需要进行深入的市场调查后才能确定（蓝英，2009；雷兆武等，2006）。

例如，对废弃电脑的估算采用斯坦福估算模型，通过电脑的销售量和电脑的寿命期对废弃电脑产生量进行估算，并对服从不同寿命期的电子产品销售量分别赋予一定的废弃比例。把 1998 ~ 2010 年的电脑寿命期分为 5 年、4 年、3 年 3 个等级，2001 ~ 2004 年最长寿命期为 4 年，2005 年以后为 3 年，基于斯坦福模型对全国电脑废弃量估算，如表3 - 2所示。

表 3 - 2　基于斯坦福模型对全国电脑废弃量的估算

年度	电脑销售量（万台）	平均生命周期（年）	P_5	P_4	P_3	年度电脑废弃量（万台）
1998	289.03	4.5	50	50	0	54.12
1999	387.06	4.4	40	60	0	99.88
2000	708.76	4.2	30	60	10	98.88
2001	754.96	4	20	60	20	139.62
2002	788.18	3.7	10	50	40	226.71
2003	960	3.5	5	40	55	447.63
2004	1150	3.35	0	35	65	731.07
2005	1400	3.3	0	30	70	980.87
2006	1596	3.2	0	20	80	1073.1
2007	1819.4	3.1	0	10	90	1210.3
2008	2074.2	3	0	0	100	1430.5
2009	2364.5	3	0	0	100	1696.8
2010	2695.6	3	0	0	100	1956.7
2011	—	—	—	—	—	2256.1
2012	—	—	—	—	—	2364.54

资料来源：《中国统计年鉴》（2003 ~ 2009）。

从表 3 - 2 估算结果可以看到 2012 年电脑年度废弃量仍呈增长趋势，特别是 2002~2004 年间，增长速度最快，随后增长速度逐渐变缓，但是总的来说，在 2010 年以前一直处于迅速增长阶段。

目前，电视机、冰箱、洗衣机、空调四类家电在中国城镇地区的市场基本已经达到饱和，但是电脑、手机市场却在迅速扩展，在农村地区，电视机、冰箱、洗衣机、空调等电子产品的保有量仍处于增长阶段，预计未来几年里其保有量和废弃量将继续增长。

综上所述，电子产品社会保有量的增加和使用周期的缩短是总趋势，这意味着今后废弃电子产品不仅总量将达到相当水平，而且增长速度也日渐加快。

第三节 市场供给模型

市场供给模型：

$$Q_n = P(n-l) + In(n-l) - Out(n-l) \qquad (3-2)$$

式中，Q_n 是 n 年度某种废弃电子电器的产生量；l 为该种电子电器产品的平均寿命，$P(n-l)$ 为第 $n-l$ 年度该种电子电器产品的产量，$In(n-l)$ 为第 $n-l$ 年度该种电子电器产品的进口量，$Out(n-l)$ 为第 $n-l$ 年度该种电子电器产品的出口量。

按年度计算各类电子电器的产量和进出口量，确定国内电子电器产品的保有量，根据产品平均寿命推算某年度的废弃量（宋旭、周世俊，2007），如表 3 - 3 所示。

表 3 – 3   2004 ~ 2007 年电子产品保有量、废弃量

产品	2004 年年底		2005 年年底		2006 年年底		2007 年年底	
	保有量	废弃量	保有量	废弃量	保有量	废弃量	保有量	废弃量
电冰箱	20056	490	20605	553	23189	624	24835	706
洗衣机	24598	650	25943	682	27305	716	28682	752
电视机	40266	1210	44976	1303	50628	1403	57410	1511
手 机	3100	1780	35000	1954	37000	2130	38500	2339
电 脑	5320	610	7026	638	8898	657	10871	677
电 话	34345	1360	37779	1509	41557	1675	45713	1860
空调机	10519	237	46989	267	13652	302	15298	342

基于市场供给模型的电子产品废弃量预测如图 3 – 3 所示。

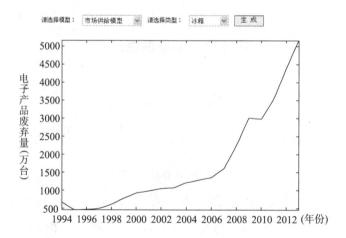

图 3 – 3   电子产品废弃量市场预测模型

市场供给模型较适合在宏观整体趋势预测中使用，更多的是在数据资料不充分、预测结果精度要求较低的情况下进

行预测，因此市场供给模型是一种趋势估计模型。

第四节 时间序列模型

时间序列是按时间顺序排列、随时间变化且相互关联的数据序列。从数学意义上讲，对某一过程中的某一个变量或一组变量 $X(t)$ 进行观察测量，在一系列的时刻中如 t_1，t_2，$\cdots$，t_x 时刻得到离散而有序的数，集合在一起成为时间序列，即随机过程的一次样本实现。

废弃电子产品形成过程遵循市场经济的发展规律，表现了一定的延续性。时间序列的基本原理是时间序列中的每一个数据都反映了多种因素综合利用的结果，整个时间序列反映了外部因素综合作用于预测对象的变化过程。所以，时间序列预测法总是假设预测对象的变化仅与时间有关，其基本思路是首先分析实际序列的变化特征，选择适当的模型形式和模型参数以建立预测模型；然后利用模型推断未来状态，最后对模型预测值评价和修正，得到预测结果（张可仪，2007）。

常见的平稳序列 $ARMA(p, q)$ 模型包括：自回归（AR）模型、移动平均（MA）模型、自回归移动平均（ARMA）模型（刘劲松，2007）。目前，应用最为广泛的时间序列预测模型求解方法是 Box 和 Jenkins 于 1970 年提出的 ARMA 模型，该模型建立在平稳序列基础上。但大多数时间序列都是不平稳的，需要进行平稳序列的转化。

本研究采用了非平稳时间序列求解的组合方法，该方法的主要思想是将组合模型中的长期趋势看成是确定趋势，确定性模型描述其变化规律，用 ARMA 模型描述序列中的随机变动，从而建立起确定性加随机性的组合模型。算法流程如图 3 - 4 所示。

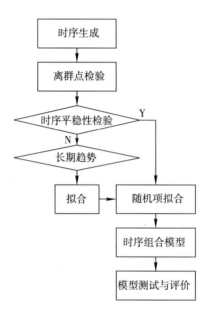

图 3 - 4   ARMA 模型算法流程

定义（时序预测模型）：废弃电子产品时序预测模型是基于延续性原则所形成的预测模型，它的输入集合为废弃电子产品的销售量，输出集合为某时刻的废弃电子产品废弃量和资源量。

$$P_{Model}(TM) = Model[P_{information}(Sales), P_{ER}, Mc, Ms] \qquad (3-3)$$

其中，$P_{Model}(TM)$ 表示时序预测模型，$P_{information}(Sales)$ 表示输入的预测信息是废弃电子产品销售量的集合。Mc，Ms 分别表示时序模型的使用条件和结构。

根据统计学原理，影响经济现象变动的原因主要有 4 种：反映人口、资本、技术等变化的长期趋势；反映气候、习俗等变化的季节变动；反映整个社会经济周期兴衰的循环变动；反映偶然性变化的不规则变动。对于具体的废弃电子产品，时间序列可以分解为 2 个组成部分：长期趋势和随机波动。

时序模型主要有三种形式。第一种是加法模型，即假设各构成部分对时间序列的影响是相互独立的，模型中组成部分是相加的关系。第二种是乘法模型，即假设各构成部分对时间序列的影响均按比例变化，模型中各组成部分是相乘的关系。第三种结构是混合模型，即模型中同时具有相乘与相加的成分。

定义（时序组合模型）：废弃电子产品时序组合模型是时序模型的一种，其形式化定义为：

$$Model(TM - D) = \{\, Y = f(T,\ I) \,\} \tag{3 - 4}$$

$ARMA\ (p,\ q)$ 模型建立的一般步骤包括：数据获取与预处理、模型的识别、模型的定阶、模型参数的估计、模型检验和模型预测等几个步骤（易丹辉，2002），如图 3 - 5 所示。

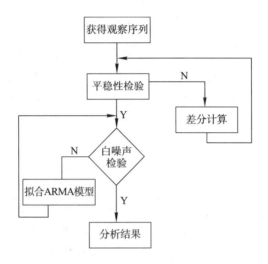

图 3 - 5 *ARMA(p, q)*模型建立步骤

选择按月度的全国 2005 年 2 月 ～ 2009 年 11 月电脑产量，结合 2009 年 7 月 2 日去天津和昌资源循环科技园进行实际调查得到的每台计算机回收材料情况表和 2009 年该企业回收材料的价格情况表。该有限公司为中国有色金属工业再生资源公司在天津创立的再生资源行业新的投资平台，企业处理的电脑主要来源于政府机关和学校更新换代的产品。如表 3 - 4 和表 3 - 5 所示。

表 3 - 4　电子产品使用年限与回收及销售价格情况

消费品	使用时间（年）	收购价（元）	材料销售价（元）
冰　箱	12 ～ 15	100	110
电视机	10	40	25
洗衣机	10	60 ～ 80	80
电　脑	5 ～ 6	80	100 以上

表 3 - 5　每台计算机回收材料情况表

物质名称	质量分数（%）	质量（千克）	回收率（%）
铁	20.47	5.58	80
铝	14.17	3.86	80
铜	6.93	1.91	90
锡	1.01	0.27	70

一　数据分析处理

$ARMA(p, q)$ 模型描述的数据要满足平稳、零均值条件，因此对数据进行拟合之前，一般需进行平稳化和零均值化处理，这些工作统称为预处理。

所谓零均值化，就是设法将原先均值非零的动态数据进行转化和处理，使产生的新序列为零均值序列。如果一个序列的统计特性不随时间的变化而变化，即均值和协方差不随时间的平移而变化，那么这个时间序列为平稳时间序列。平稳化一般对数据采用取对数、差分处理。

差分运算如下：

一阶差分：

$$\nabla x_t = x_t - x_{t-1} \qquad (3-5)$$

p 阶差分：

$$\nabla^p x_t = \nabla^{p-1} x_t - \nabla^{p-1} x_{t-1} \qquad (3-6)$$

k 步差分：

$$\nabla_k = x_t - x_{t-k} \qquad (3-7)$$

设 y_t 为 2005 年 1 月 ~ 2009 年 11 月期间电脑杂铜回

收量数据。如图 3 - 6 所示。对 y_t 进行 ADF 检验，结果如表 3 - 6 所示。

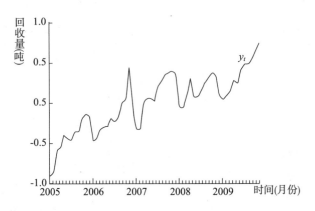

图 3 - 6　回收量 y_t 趋势

表 3 - 6　对 y_t 进行 ADF 检验

ADF TEST STATISTIC	− 2.036780	1%	Critical Value	− 3.5457
		5%	Critical Value	− 2.9118
		10%	Critical Value	− 2.5932

从表 3 - 6 中可以看出，序列 y_t 的 ADF 值均大于临界值，说明 y_t 没有通过 ADF 检验，序列是非平稳的，且有呈指数变化的趋势。利用 Eviews 软件对序列 y_t 进行一阶差分 DY，并进行单位根的 ADF 检验，如表 3 - 7 所示。

表 3 - 7　DY 的 ADF 检验

ADF TEST STATISTIC	− 6.640198	1%	Critical Value	− 3.5523
		5%	Critical Value	− 2.9146
		10%	Critical Value	− 2.5947

从表 3 - 7 可以看出，ADF 的值为 - 6.640198，可见在 1%
的显著性水平下，序列分别小于不同检验水平的三个临界值，
因此它通过 ADF 检验，DY 为一阶平稳序列，阶数为 1。

利用 Eviews 软件对序列 DY 进行零均值检验，得到该序
列的均值为 0.028722，标准差为 0.158156，均值的绝对值小
于 2 倍标准差，序列均值与 0 无显著差异。然后根据 Barlett
和 Quenouille 证明样本相关系数近似服从正态分布，由于一
个正态分布的随机变量在任意方向上超出 2σ 的概率约为
0.05，表明序列 DY 可以建立 ARMA 模型。图 3 - 7 为平稳序
列 DY 的趋势图。

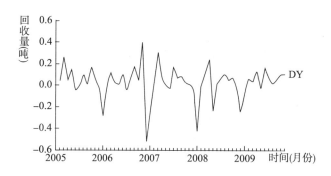

图 3 - 7　回收量 DY 趋势

二　模型识别及参数估计

采用 ARMA 模型对现有的数据进行建模，首要的问题是
确定模型的阶数，即相应的 p、q 值，对 ARMA 模型的识别
主要是通过序列的自相关函数和偏自相关函数进行。AR、
MA、ARMA 三类模型各自的自相关函数以及偏自相关函数特
点如表 3 - 8 所示。

表 3-8 *AR*、*MA*、*ARMA* 模型的自相关函数以及偏自相关函数特点

模型系数	$AR(p)$	$MA(q)$	$ARMA(p, q)$
自相关函数 ρ_k	拖尾	q 步截尾（$\rho_k = 0$，$k > q$）	拖尾
偏自相关函数 φ_{kk}	p 步截尾（$\varphi_{kk} = 0$，$k > p$）	拖尾	拖尾

表 3-8 中，拖尾指模型自相关函数或偏自相关函数随着时滞 k 的增加呈现指数衰减并趋于零，截尾指模型的自相关函数或偏自相关函数在某步之后全部为零。

确定模型阶次：利用信息准则，即定义一个与模型阶数有关的特征参数，从而选取使该参数达到最小值的阶次作为模型的阶次，常用的信息准则有 AIC、FPE 等。

AIC 是针对 $ARMA(p, q)$ 模型中的阶次 p 和 q 提出的（李锐、向书坚，2006）。AIC 准则既考虑拟合模型对数据接近的程度，又考虑模型中所含待定参数的个数。这个准则提取出观测序列中的最大信息量，适用于 AR 与 MA 模型。关于 $ARMA(p, q)$，对其定义 AIC 函数如下：

$$AIC(p, q) = n\ln(\hat{\sigma}^2) + 2(p + q) \qquad (3-8)$$

其中，$\hat{\sigma}^2$ 是拟合 $ARMA(p, q)$ 模型时残差的方差，它是 (p, q) 的函数。如果模型中含有常数项，则 $p + q$ 被 $p + q + 1$ 代替。AIC 定阶的方法就是选择使 $AIC(p, q)$ 最小的 (p, q) 作为相应的模型阶数。序列的自相关函数和偏自相关函数所呈现的这些性质可用于模型的识别，如图 3-8 所示。

Correlogram of DY

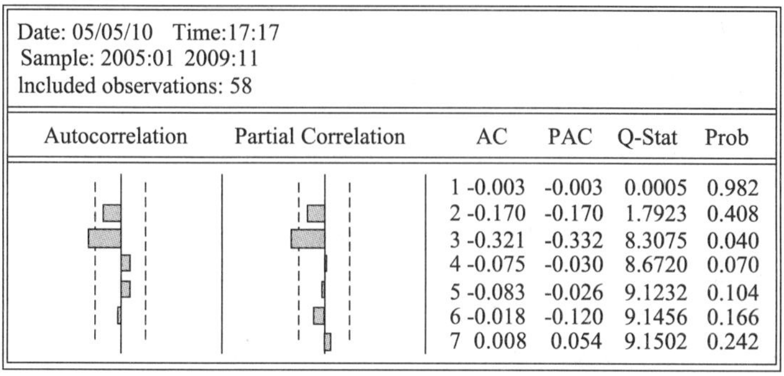

Date: 05/05/10 Time:17:17					
Sample: 2005:01 2009:11					
Included observations: 58					
Autocorrelation	Partial Correlation	AC	PAC	Q-Stat	Prob
		1 -0.003	-0.003	0.0005	0.982
		2 -0.170	-0.170	1.7923	0.408
		3 -0.321	-0.332	8.3075	0.040
		4 -0.075	-0.030	8.6720	0.070
		5 -0.083	-0.026	9.1232	0.104
		6 -0.018	-0.120	9.1456	0.166
		7 0.008	0.054	9.1502	0.242

图 3 - 8　DY 自相关图和偏自相关图

由图 3 - 8 可知，自相关系数在 $k = 1$ 时很快趋近于零，偏自相关系数在 $k = 3$ 后很快趋近于零（图中所画的实线给出约 95% 的置信区间），利用样本的自相关函数和偏自相关函数的截尾性，大致判断 $p = 3$、$q = 1$，可初步判断时间序列 DY 模型为 $ARMA(3，1)$ 模型。

三　参数估计

模型的估计主要有三种估计方法：矩估计、极大似然估计和最小二乘估计。最小二乘估计和极大似然估计的精度较高，但是要求样本的分布函数已知，所以一般情况下选用精确度比较高的非线性最小二乘法来估计参数。极大似然估计计算方法较为复杂，最后求解的方程皆为非线性方程，很难求解，所以实际中采用数值算法。思路是任意给出参数的一组数值，根据初步估计得到的结果，计算出一个似然函数值；然后根据一定的法则，再给出参数的一组数值，计算出一个似然函数值，依此类推，比较似然函数值，选择使似然函数值最大的那组参数，利用 Eviews 软件中包括非线性和 ARMA 模型的最小二乘法估计模块进行参数估计。

利用最小二乘法估计求得模型参数，拟合 $ARMA(3,1)$、$AR(1)$、$AR(2)$、$AR(3)$、$MA(1)$ 模型。如表 3 - 9 所示。

表 3 - 9　各模型参数和检验结果

p,q	c	ϕ_1	ϕ_2	ϕ_3	ϕ_4	Adjust R^2	AIC	SC
(3, 1)	0.0244	- 0.097	- 0.1761	- 0.3434	0.0285	0.0774	- 0.8328	- 0.6503
(1, 0)	0.0285	- 0.003				- 0.0182	- 0.7805	- 0.7088
(2, 0)	0.0245	- 0.007	- 0.1718			- 0.006	- 0.7988	- 0.6903
(3, 0)	0.0243	- 0.0727	- 0.176	- 0.3389		0.0954	- 0.8692	- 0.7232
(0, 1)	0.0287				- 0.0044	- 0.0178	- 0.7989	- 0.7279

经过对图 3 - 8 的分析及运用 AIC 准则，综合修正决定系数，回归方差反复拟合，考察模型的整体拟合效果，选定 $AR(3)$ 模型。

对模型估计，删去 t 检验不显著的参数，由于系数 Δy_{t-1}、Δy_{t-2} 没有显著性，而其他参数均显著，所以要剔除 $AR(1)$、$AR(2)$，再次估计。如表 3 - 10 所示。

表 3 - 10　模型估计

VARIABLE	COEFFICIENT	STD. ERROR	T - STATISTIC
C	0.024189	0.015431	1.567575
AR (3)	- 0.324611	0.127554	- 2.544889
R - squared	0.108891	Mean dependent var	0.023812
Adjusted R - squared	0.092078	Schwarz criterion	- 0.826712
S. E. of regression	0.151581	Akaike info criterion	- 0.899706
Sum squared resid	1.217772	F - statistic	6.476461
Durbin - Watson stat	2.082511	Prob（F - statistic）	0.013879

由表 3 – 10 知 AR（3）系数通过检验，显著不为零，$AR(3)$ 模型对应表达式为：

$$\Delta y_t = 0.0242 + u_t \tag{3 – 9}$$

$$(1.6)$$

$$u_t = -0.3246u_{t-3} + v_t \tag{3 – 10}$$

$$(-2.5)$$

合并平稳序列拟合模型为：

$$\Delta y_t = 0.0242 - 0.3246\Delta y_{t-3} + v_t \tag{3 – 11}$$

$$R^2 = 0.108891, \quad DW = 2.082512, \quad AIC = -0.899706$$

由差分变换公式：

$$\nabla y_t = y_t - y_{t-1}$$

得序列拟合模型为：

$$y_t = 0.0242 + y_{t-1} - 0.3246y_{t-3} + 0.3246y_{t-4} + v_t \tag{3 – 12}$$

四 模型检验

考核所建模型的优劣，一般需检验 ARMA 模型的残差 e_1，e_2，$\cdots$，e_n 是不是白噪声，白噪声检验通常使用 Q 统计量对序列进行卡方检验。如果经检验确是白噪声序列，则可认为模型是合理的，否则就应当进一步改进模型。

H_0：e_1，e_2，$\cdots$，e_n 是白噪声序列，设残差序列为 e_1，e_2，$\cdots$，e_n，其样本自相关函数为：

$$\hat{\rho}_k(e_t) = \frac{\sum\limits_{t=1}^{n-k} e_t e_{t+k}}{\sum\limits_{t=1}^{n} e_t^2} \qquad (3-13)$$

可以证明，当 n 充分大时，m 个分量（m 是最大滞后期，m 可取 $n/10$ 或 $\sqrt{n}$ 的整数）：$\sqrt{n}\hat{\rho}_1(e_1)$，$\sqrt{n}\hat{\rho}_2(e_2)$，…，$\sqrt{n}\hat{\rho}_m(e_m)$ 近似为独立的正态 $N(0,1)$ 随机变量，构造统计量：

$$Q = n\sum_{k=1}^{m} \hat{\rho}_k^2(e_t) \qquad (3-14)$$

可以证明，Q 近似服从自由度$(m-p-q)$ 的 χ^2 分布，故可以用 χ^2 分布对时间序列模型进行诊断检验。

其步骤是：先计算模型残差序列的样本自相关函数 $\hat{\rho}_k$，然后用前 m 个 $\hat{\rho}_k$ 式计算 Q 值，再用 χ^2 检验诊断模型的适用性。检验时，先确定显著性水平 α（α 常取 0.05、0.01），再根据 χ^2 分布查得临界值 $\chi_\alpha^2(m-p-q)$。

若

$$Q \leqslant \chi_\alpha^2(m-p-q) \qquad (3-15)$$

则认为模型是适用的。

若

$$Q \geqslant \chi_\alpha^2(m-p-q) \qquad (3-16)$$

则认为模型同实际序列拟合不好，需要对模型的残差做进一步识别或重新构造模型。如图 3-9 所示。

Correlogram of Residuals

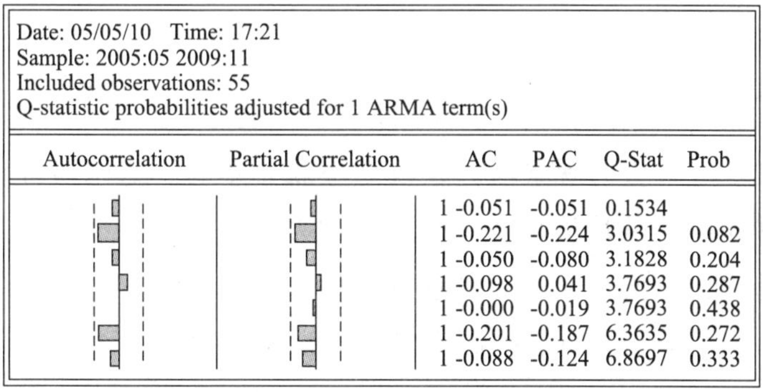

Date: 05/05/10 Time: 17:21
Sample: 2005:05 2009:11
Included observations: 55
Q-statistic probabilities adjusted for 1 ARMA term(s)

Autocorrelation	Partial Correlation	AC	PAC	Q-Stat	Prob
		1 -0.051	-0.051	0.1534	
		1 -0.221	-0.224	3.0315	0.082
		1 -0.050	-0.080	3.1828	0.204
		1 -0.098	0.041	3.7693	0.287
		1 -0.000	-0.019	3.7693	0.438
		1 -0.201	-0.187	6.3635	0.272
		1 -0.088	-0.124	6.8697	0.333

图 3 - 9 残差的自相关图和偏自相关图

由图可知 Prob 列概率值都大于 0.05，说明所有 Q 值都小于检验水平为 0.05 的 χ^2 分布临界值，位于临界值左侧。即在显著性水平下 $\alpha = 0.05$ 时，$M = \sqrt{55} = 7$，$\chi^2_{0.05}(7) = 14.067$，$Q < \chi^2_{0.05}(7)$。

结论：模型的随机误差序列是一个白噪声序列，$AR(3)$ 能较好地模拟 DY 时间序列。

五 模型预测

通过模型选择最终获得的时间序列预测模型导出最小均方差意义的预测值。即

$$E\left[e_t(l)\right]^2 = E(y_{t+l} - \hat{y}_{t+l})^2 = \min \qquad (3-17)$$

用 y_{t+l} 表示在 t 时刻对 y_{t+l} 期所做的预测，l 为预测长度，预测准则是使预测误差的均方差最小。

经推导得 ARMA 模型最小均方差预测计算公式：

$$\hat{y}_{t+l} = \hat{\Phi}_1 \left[y_{t+l-1} \right] + \hat{\Phi}_2 \left[y_{t+l-2} \right] + \cdots + \hat{\Phi}_p \left[y_{t+p-1} \right] +$$

$$\hat{\theta}_1 \left[\varepsilon_{t+l-1} \right] - \cdots - \hat{\theta}_q \left[\varepsilon_{t+l-q} \right] \qquad (3-18)$$

$\left[y_t \right]$、$\left[\varepsilon_t \right]$ 为 y_t、ε_t 条件期望的缩写。式（3-18）表明现在或过去的观察值的条件期望就是本身，未来实际值的条件期望就是其预测值，现在或过去残差的条件期望值是此残差的估计值，未来的残差条件期望值等于零。

综上分析，可以推测出时间序列 x_t 预测表达式为：

$$x_t = e^{7.105 + y_{t-1} - 0.3246y_{t-3} + 0.3246y_{t-4}} \qquad (3-19)$$

根据所做模型用 Eviews 软件画出预测值与真实值对比，如图 3-10 所示。

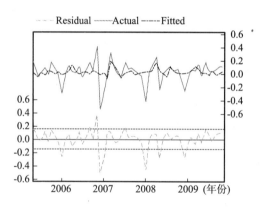

图 3-10 预测值与真实值对比

用 Eviews 对 2011 年 1 月 ~ 2012 年 8 月电脑杂铜回收量进行预测，结果如表 3-11 所示。

时间序列应用范围很广，所以在数据选择和预测结果表现上都有很好的普及性，适合于大多数预测对象，和估计模型相比使用范围更加广泛。

表 3-11　2011 年 1 月~2012 年 8 月电脑

杂铜回收量预测

时间	杂铜预测值	时间	杂铜预测值
2011 年 1 月	2349.5991	2011 年 11 月	2818.6124
2011 年 2 月	2388.6891	2011 年 12 月	2870.3808
2011 年 3 月	2434.0212	2012 年 1 月	2923.1001
2011 年 4 月	2479.9657	2012 年 2 月	2976.7876
2011 年 5 月	2527.0301	2012 年 3 月	3031.7643
2011 年 6 月	2573.1857	2012 年 4 月	3087.7563
2011 年 7 月	2620.1845	2012 年 5 月	3144.7825
2011 年 8 月	2668.0416	2012 年 6 月	3202.5415
2011 年 9 月	2717.3163	2012 年 7 月	3261.3614
2011 年 10 月	2767.5009	2012 年 8 月	3321.2616

第五节　灰色预测模型

灰色系统是通过对部分已知信息，生成、开发和提取有价值的信息，实现对现实世界的预测。由于废弃电子产品资源量、废弃量等信息受许多因素的影响，一些是已知的，一些是未知的；一些是可以量化的，一些是不可以量化的，并且受偶然因素的影响使价格的高低产生扰动，故其有灰色成分，可以采用灰色预测模型（刘宪兵等，2006；周姗姗，2008）。

一 数据分析处理

采用 $GM(1,1)$ 模型预测废弃电子产品包括电脑、手机、电冰箱、空调、洗衣机、电视机的废弃量，对原始数据序列选取最近月份不同样本数据，根据所研究对象的特点，借助经济变化规律，研究选取的样本个数与误差之间的关系。

灰色模型是按照五步建模思想构建，通过灰色生成序列算子的作用弱化随机性，挖掘潜在的规律，经过差分方程与微分方程之间的互换实现了利用离散的数据序列建立连续的动态微分方程。灰色预测模型具有建模所需信息少、无需考虑原始数据先验特征、可对任意光滑离散数列建模、计算简单、建模精度高等优点（李洁，2009；乐励华等，2008）。

二 模型适用范围

$GM(1,1)$ 模型是一种呈指数增长的预测模型，主要适用于按单一指数规律增长的数列，对序列数据出现的异常情况往往很难加以考虑。界定了 $GM(1,1)$ 模型的有效区、慎用区、不宜区和禁区（刘建通等，2004），并得出以下结论：

（1）当 $-a \leqslant 0.3$ 时，$GM(1,1)$ 可用于中长期预测。

（2）当 $0-3 < -a \leqslant 0.5$ 时，$GM(1,1)$ 可以用于短期预测，中长期预测谨慎。

（3）当 $0.5 < -a \leqslant 0.8$ 时，用 $GM(1,1)$ 做短期预测应该十分谨慎。

（4）当 $0.8 < -a \leqslant 1$ 时，应该采用残差修正 $GM(1,1)$

模型。

（5）当 $-a > 1$ 时，不宜采用 $GM(1，1)$ 模型进行预测。

（6）当 $|a| \geqslant 2$ 时，$GM(1，1)$ 模型无意义。

三 模型构建

$GM(1，1)$ 是关于数据预测一个变量、一阶微分的灰色预测模型。设时间序列 $X^{(0)}$ 有 n 个观察值：$X^{(0)} = \{X^{(0)}(t)|t=1，2，\cdots，n\}$，通过累加生成新序列 $X^{(1)} = \{X^{(1)}(t)|t=1，2，\ldots，n\}$。

生成序列 $X^{(1)}$ 相应的微分方程为：

$$\frac{\mathrm{d}x^{(1)}}{\mathrm{d}t} + ax^{(1)} = u \tag{3-20}$$

a、u 分别成为发展灰数和内生控制灰数。

设 $\hat{a}$ 为带估计参数向量，则

$$\hat{a} = \begin{bmatrix} a \\ u \end{bmatrix} \tag{3-21}$$

最小二乘法求解有：

$$\hat{a} = (B^{\mathrm{T}}B)^{-1}B^{\mathrm{T}}y_n \tag{3-22}$$

$$B = \begin{bmatrix} -\dfrac{1}{2}[X^{(1)}(1) + X^{(1)}(2)] & 1 \\ -\dfrac{1}{2}[X^{(1)}(2) + X^{(1)}(3)] & 1 \\ -\dfrac{1}{2}[X^{(1)}(n-1) + X^{(1)}(n-2)] & 1 \end{bmatrix} \tag{3-23}$$

$$y_n = [\, X^{(0)}(2)\,,\ X^{(0)}(3)\,,\ \cdots\,,\ X^{(0)}(n)\,]^{\mathrm{T}} \qquad (3-24)$$

解微分方程有 $\hat{X}^{(1)}(t+1) = \left[\, X^{(0)}(1) - \dfrac{u}{a}\,\right] \mathrm{e}^{-at} + \dfrac{u}{a}$

$(t=1,\ 2,\ \cdots,\ n)$，为预测方程。 $\hfill (3-25)$

四 模型预测

$GM(1,1)$ 模型废弃电子产品（电脑）保有量预测，现要对该保有量未来 5 年的发展变化作出预测，将预测结果作为重要依据。建模数据采用 2009 年 2～7 月电脑保有量，见表 3-12。

表 3-12 2009 年 2～7 月电脑保有量

2009 年	2 月	3 月	4 月	5 月	6 月	7 月
电脑保有量（台）	1106.71	1150.25	1322.07	1271.10	1505.69	1609.71

$GM(1,1)$ 是关于数据预测一个变量、一阶微分的灰色预测模型。设时间序列 $X^{(0)}$ 有 6 个观察值：

$X^{(0)} = \{\, 1106.71,\ 1150.25,\ 1322.07,\ 1271.10,\ 1505.69,\ 1609.71\,\}$

通过累加生成得到新序列

$X^{(1)} = \{\, 1106.71,\ 2256.96,\ 3579.03,\ 4850.13,\ 6355.82,\ 7965.53\,\}$

构造矩阵 B 和向量 Y_n

$$B = \begin{bmatrix} -\dfrac{1}{2}[X^{(1)}(1) + X^{(1)}(2)] & 1 \\ -\dfrac{1}{2}[X^{(1)}(2) + X^{(1)}(3)] & 1 \\ -\dfrac{1}{2}[X^{(1)}(3) + X^{(1)}(4)] & 1 \\ -\dfrac{1}{2}[X^{(1)}(4) + X^{(1)}(5)] & 1 \\ -\dfrac{1}{2}[X^{(1)}(5) + X^{(1)}(6)] & 1 \end{bmatrix} = \begin{bmatrix} -1681.8 & 1 \\ -2918.0 & 1 \\ -4214.6 & 1 \\ -5603.0 & 1 \\ -7160.7 & 1 \end{bmatrix}$$

$$Y_n = \begin{bmatrix} X^{(0)}(2) \\ X^{(0)}(3) \\ X^{(0)}(4) \\ X^{(0)}(5) \\ X^{(0)}(6) \end{bmatrix} = \begin{bmatrix} 1150.25 \\ 1322.07 \\ 1271.10 \\ 1505.69 \\ 1609.71 \end{bmatrix}$$

计算 $B^{\mathrm{T}}B$，$(B^{\mathrm{T}}B)^{-1}$，$B^{\mathrm{T}}Y_n$

$$B^{\mathrm{T}}B = \begin{bmatrix} -1681.8 & -2918.0 & -4124.6 & -5603.0 & -7160.7 \\ 1 & 1 & 1 & 1 & 1 \end{bmatrix} \begin{bmatrix} -1681.8 & 1 \\ -2918.0 & 1 \\ -4214.6 & 1 \\ -5603.0 & 1 \\ -7160.7 & 1 \end{bmatrix}$$

$$= \begin{bmatrix} 111024734 & -21488 \\ -21488 & 5 \end{bmatrix}$$

$$(B^{\mathrm{T}}B)^{-1} = \begin{bmatrix} 5.3 \times 10^{-8} & 2.3 \times 10^{-4} \\ 2.3 \times 10^{-4} & 1.1888 \end{bmatrix}$$

$$B^{\mathrm{T}}Y_n = \begin{bmatrix} -1681.8 & -2918.0 & -4124.6 & -5603.0 & -7160.7 \\ 1 & 1 & 1 & 1 & 1 \end{bmatrix} \begin{bmatrix} 1150.25 \\ 1322.07 \\ 1271.1 \\ 1505.69 \\ 1609.71 \end{bmatrix}$$

$$= \begin{bmatrix} -30998101.24 \\ 6858.82 \end{bmatrix}$$

$$\hat{\alpha} = (B^{\mathrm{T}}B)^{-1}B^{\mathrm{T}}Y_n = \begin{bmatrix} 5.3 \times 10^{-8} & 2.3 \times 10^{-4} \\ 2.3 \times 10^{-4} & 1.1888 \end{bmatrix} \begin{bmatrix} -30998101.24 \\ 6858.82 \end{bmatrix}$$

$$= \begin{bmatrix} -0.065370 \\ 1024.2019 \end{bmatrix}$$

即 $a = -0.065370$，$u = 1024.2019$。

生成序列 $X^{(1)}$ 相应的微分方程：

$$\frac{\mathrm{d}X^{(1)}}{\mathrm{d}t} - 0.065370X^{(1)} = 1024.2019$$

$$X^{(0)}(1) = 1106.71, \qquad \frac{u}{a} = -15667.767$$

预测方程：

$$X^{(1)}(t+1) = (1106.71 + 15667.77)\,\mathrm{e}^{0.06537 \times t} - 15667.77$$

经累减后预测得

$$\hat{X}^{(0)} = (1133.18,\ 1209.73,\ 1291.46,\ 1378.70,\ 1471.84,\ 1571.26,\ 1677.41)$$

五 模型检验

求残差 $e^{(0)}$ 及相对误差 q：

$$e^{(0)}(t) = X^{(0)}(t) - \theta\hat{X}^{(0)}(t) \qquad (3-26)$$

$$q = \frac{e^{(0)}(t)}{X^{(0)}(t)} \times 100\% \qquad (3-27)$$

小误差概率

$$P = p\{ \mid e(i) - \bar{e} \mid < 0.6745 S_1 \} \qquad (3-28)$$

式中

$$\bar{e} = \frac{1}{n} \sum_{t=1}^{n} e(t)$$

绝对误差的标准差：

$$S_1 = \sqrt{\frac{\sum_{t=1}^{n} \left[X^{(0)}(t) - \bar{X}^{(0)} \right]}{n-1}} \qquad (3-29)$$

$$\bar{X}^{(0)} = \frac{1}{n} \sum_{t=1}^{n} X^{(0)}(t) \qquad (3-30)$$

计算标准差比

$$C = \frac{S_2}{S_1} \qquad (3-31)$$

式中

$$S_2 = \sqrt{\frac{\sum_{t=1}^{n} \left[e(t) - \bar{e} \right]^2}{n}} \qquad (3-32)$$

如果 P，C，q 都在允许范围内（见表 3-13），则可用所建模型进行预测，否则应进行残差修正。

表 3-13　预测模型适用范围

精度等级		小误差概率 P	方差比 C	精度等级	
1	好	>0.95	<0.35	1	好
2	合格	>0.8	<0.5	2	合格
4	不合格	≤0.7	≥0.65	4	不合格

上例中对预测模型进行检验，计算残差 $e^{(0)}$ 和相对误差 q。

$$e(t) = (0, 17.07, 112.34, -20.36, 126.99, 137.87)$$

$$q(t) = (0, 1.48\%, 8.5\%, -1.6\%, 8.4\%, 8.6\%)$$

进一步计算得：$\bar{e} = 62.318$，$\bar{X}^{(0)} = 1327.588$

绝对误差的标准差：$S_1 = 197.25$，$S_2 = 7.09$

于是有标准差比：

$$C = \frac{S_2}{S_1} = \frac{7.09}{197.25} < 0.35$$

计算小误差概率

$$p\{|e(t) - \bar{e}| < 0.6745 S_1\} = p\{|e(t) - \bar{e}| < 133\}$$

得出所有均值小于 133，预测精度等级为一级，预测模型是可靠的。

预测公式为：

$$X^{(0)}(t+1) = X^{(1)}(t+1) - X^{(1)}(t)$$

在该模型中，预测 2009 年 8 月的保有量，$t = 8$：

$$
\begin{aligned}
X^{(0)}(8) &= X^{(1)}(8) - X^{(1)}(7) \\
&= (1106.71 + 15667.77)e^{0.06537 \times 8} - 15667.77 - \\
&\quad [(1106.71 + 15667.77)e^{0.06537 \times 7} - 15667.77] \\
&= 1790.72
\end{aligned}
$$

即 2009 年 8 月电脑保有量为 1790.72。选取手机、电脑、洗衣机、电冰箱、空调等电子产品，通过采用灰色模型预测中国电子产品月度废弃量。下面为基于 $GM(1, 1)$ 模型，预测 2011 年 1 月～2012 年 12 月的电脑废弃量，如表 3-14 所示。

表 3 – 14　基于 *GM* (1，1)模型预测电脑月度废弃量

月份	台数（万台）	月份	台数（万台）
2011 年 1 月	149639. 9462	2012 年 1 月	346551. 115
2011 年 2 月	160807. 1348	2012 年 2 月	371020. 4301
2011 年 3 月	172728. 711	2012 年 3 月	397142. 744
2011 年 4 月	185455. 6368	2012 年 4 月	425029. 7233
2011 年 5 月	199042. 3166	2012 年 5 月	454800. 5781
2011 年 6 月	213546. 8303	2012 年 6 月	486582. 5716
2011 年 7 月	229031. 1811	2012 年 7 月	520511. 5642
2011 年 8 月	245561. 5609	2012 年 8 月	556732. 5942
2011 年 9 月	263208. 6331	2012 年 9 月	595400. 4976
2011 年 10 月	282047. 8346	2012 年 10 月	636680. 5705
2011 年 11 月	302159. 6986	2012 年 11 月	680749. 2753
2011 年 12 月	323630. 1983	2012 年 12 月	727794. 9949

　　灰色预测受较多不确定因素影响，如产品及原材料的价格、生产投资额、产量和销售量等，使后期的预测量具有很强的模糊性，属于典型的灰色系统。该模型具有建模所需信息少、无需考虑原始数据先验特征、可对任意光滑离散数列建模、计算简单、建模精度高等优点。

第六节　神经网络模型

　　神经网络具有自学习和自适应的能力，可以通过预先提供的一批相互对应的输入 – 输出数据分析掌握两者之间潜在的规律，最终根据这些规律，用新的输入数据来推算输出结果（袁慧梅，2007；魏海坤，2005）。

　　BP 网络是利用非线性可微分函数进行权值训练的多层网络，在函数逼近、模式识别、信息分类及数据压缩等领域得

到了广泛的应用。Matlab 神经网络工具箱提供了各种神经网络模型相应的分析和设计函数，神经网络的设计者只需要调用工具箱中有关的设计、训练、学习和性能分析函数，而无需考虑繁杂的算法编程。神经网络在 Matlab 中的主要步骤（周开利、康耀红，2006）如图 3 – 11 所示。

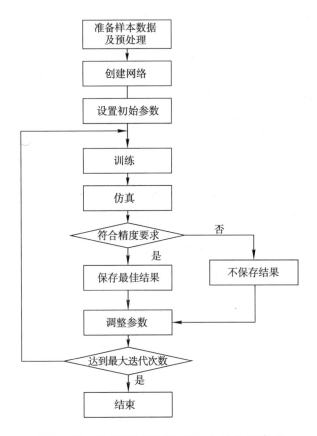

图 3 – 11　神经网络在 Matlab 中的主要步骤

在使用神经网络模型时要重点考察以下几点内容。

一 网络层数

网络是通过输入层到输出层的计算来完成的，多于一层的隐含层虽然能在速度上提高网络的训练，但是在实际应用中需要较多的训练时间，而训练速度可以用增加隐含层节点个数来实现，因此在应用神经网络进行预测时，选取只有一个隐含层的三层 BP 神经网络就足够了。

二 网络各层中神经元的个数

输入、输出节点是与样本紧密相关的，与其应用的领域也有关。例如，根据废弃电子产品保有量、废弃量的历史数据确定输入层神经元数，即输入变量为连续 n 年的废弃电子产品保有量；输出层神经元数为 1，即输出变量为第 $n+1$ 年的废弃电子产品保有量。

如果隐含层神经元数目过少，网络很难识别样本，难以完成训练，并且网络的容错性也会降低；如果数目过多，则会增加网络的迭代次数，从而延长网络的训练时间，同时也会降低网络的泛化能力，导致预测能力下降。在具体设计时，首先根据经验公式初步确定隐含层神经元个数，然后通过对不同神经元数的网络进行训练对比，再最终确定神经元数。通用的隐含层神经元数的确定经验公式有：

$$i = \sqrt{n+m} + a \qquad (3-33)$$

其中 i 为隐含层神经元的个数，n 为输入层神经元的个数，m 为输出层神经元的个数，a 为常数，且 $1 < a < 10$。

第七节　小结

本章着重介绍了本书中主要使用的 6 种预测模型，分为卡内基·梅隆模型、斯坦福模型、市场供给模型、时间序列模型、灰色模型、神经网络模型。模型可以分成基于宏观预测和微观预测两大方面。预测模型之间有所联系也有所不同，分别对模型使用进行了介绍，并通过具体例子进行模型预测分析，模型的实践应用将在下章详细阐述。

第四章
废弃电子产品资源化预测系统的实现

第一节　系统设计

一　系统设计要求

根据我国电脑、手机、空调、电视机、洗衣机、冰箱等消费类电子产品生命周期特点，在斯坦福模型、卡内基·梅隆模型、市场供给模型中引入时间、地域梯度因子，依据电子产品主要组成材料，估算我国不同时间、地域和产品结构的废弃电子产品中铜、铝等有色金属，银、钯、铑等贵重金属以及其他可回收物的资源化潜力分布规律；利用时间序列模型、灰色预测模型、神经网络模型结合知识挖掘的方法，挖掘电子产品中可资源化物质的种类、存在方式、含量与产品结构的关系模式，研究我国废弃电子产品中资源化的时空分布特征。

采用时间序列模型、灰色预测模型、神经网络模型、斯坦福模型、卡内基·梅隆模型、市场供给模型，通过可视化界面可以方便、高效地对数据进行动态采集、编辑和管理。要求提供二次开发接口，支持基于 SOA 的开发框架，支持多用户环境下的多维知识分析。满足异构平台兼容性，多种数据库进行二次开发。

二 系统总体结构

本系统共分为信息采集与获取（信息采集、信息预处理、信息编辑和信息管理）、知识组织与挖掘（模型选择、预测模型和模型对比）和知识管理与服务（知识管理、查询统计、评价分析和图示显示）三大模块，系统总体结构如图4-1所示。

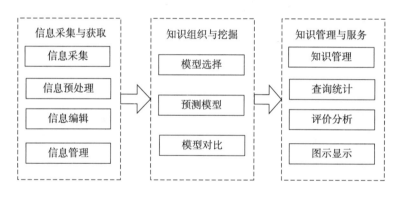

图4-1 系统总体结构

1. 信息采集与获取

信息采集与获取包括：信息采集、信息预处理、信息编辑和信息管理等模块。信息采集指通过互联网或图书馆等多种途径，以网络爬虫等自动抓取或人工手动查阅方式获取相关信息资料。

信息获取是针对通过网络爬虫自动抓取资料而言，包括信息抽取和信息去噪两个子模块。信息抽取用于对选中

的多种格式（包括 pdf、word、ppt、txt、网页等）的文件
中的信息进行抽取；信息去噪用于去除各类文件中的无用
信息（包括乱码、标签、页眉、页脚等），并确保有用信
息完整。

信息抽取和信息去噪均需要专门的信息处理算法。采
用基于本体的智能化信息抽取和信息去噪技术，能够解决
废弃电子产品资源化潜力评价系统中信息预处理模块的相
关问题。

信息编辑是针对系统维护人员而言，实现按照系统给定
的字段和要求录入系统相关的信息，并对系统已有信息进行
人工校对、修改并保存。通过系统维护人员对网络爬虫抓取
信息的编辑和修改能够提高系统信息的质量，进而提高系统
分析评价结果的准确性。

信息管理实现对系统已有信息的查找、统计、分类和删
除，以及新资源物质类别添加和资源物因子调整等操作。

2. 知识组织与挖掘

分析模型有斯坦福模型、卡内基·梅隆模型、市场供给
模型、GM(1，1)灰色预测模型、BP 神经网络模型、时间序
列模型等。其中斯坦福模型用于对重点的电子产品生产地和
销售集中地进行预测，考虑了产品寿命期分布随时间的变
化，特别适合于估算电脑、手机等淘汰速度变化很快的 IT 产
品。因此，系统根据我国计算机、手机等消费类电子产品的
生命周期特点，在斯坦福模型中引入时间、地域梯度因子，
预测我国电子产品废弃量与分布形态。

3. 知识管理与服务

知识管理与服务包括知识管理、查询统计、评价分析和

图示显示等模块，建立数据和用户之间的接口，为用户提供所需的信息，方便用户进行数据的查询、统计和删除等操作，实现系统对数据的评价分析以及饼状图、柱状图和折线图等分析结果的图示化显示。

三 系统技术架构

系统设计了用户接口层、中间层、数据库层三层 Client/Server 结构，在传统的二层结构基础上加了一个中间层。

1. 系统结构模式选择

B/S 和 C/S 是软件设计领域的两大主流技术架构。两种架构各有其优缺点，但鉴于废弃电子产品资源化潜力预测评价系统的技术特点以及实际管理需要，本系统采用 B/S 的结构模式。在 B/S 模式下，将系统架设在数据服务器、应用服务器、浏览器三个层次上。数据服务器专门存放数据，如各种统计数据和业务信息。应用服务器提供各类服务器组件来访问数据服务器和响应客户端的请求。浏览器只显示结果和发出请求。由于涉及数据安全性和保密性，访问权限的监控为另一设计重点，可以采取限定数据使用权限、定义用户级别等措施来保证数据的安全性。

2. 系统开发平台

本系统将使用 Microsoft 技术开发平台进行开发，包括 Microsoft. Net Framework、Asp. net、ActiveX 等，开发工具为 Microsoft Visual Studio 和 Delphi。在 Microsoft 技术开发平台下，将系统设计设在提高工作效率、简化管理和维护工作、提高性能和可伸缩性、扩展对于不同终端设备的支持能力上。提高工作效率将应用程序代码行数减少约

70%，以提高开发效率，进而开发人员可以将更多注意力转移到实现业务逻辑上。提高性能和可伸缩性，主要体现在优化内部处理机制、扩展高速缓存功能以及增加对服务器支持等方面。扩展对于不同终端设备的支持能力，提高浏览器等终端设备支持能力，另外通过扩展控件功能使得同一控件能够支持多种设备。

　　3. 系统体系结构

　　评价系统主要由数据层、数据访问及基础功能层、业务层、表现层和客户端构成。

　　（1）数据层

　　采用关系数据库和磁盘文件，存放系统有关信息及附件、图片等相关文件。包括网络抓取原始信息、用户录入信息、分析评价结果信息等业务信息和系统运行所需的配置信息、监控信息等。

　　（2）数据访问及基础功能层

　　数据访问层用于提供经过封装的数据存取、数据转换以及通信接口，该层的实现方式与数据层密切相关，随其采用的服务器软件不同而变化，但为业务逻辑层提供无差别的访问接口，以保证业务逻辑层的可移植性。提供与用户无关的数据访问、用户认证、权限管理、流程管理、参数管理、日志记录、全文检索以及系统消息等基础功能。

　　其中权限管理、流程管理、参数管理等信息为系统运行所需的环境信息。这些信息数量非常大，每个用户均需要使用，而且根据用户角色不同，这些信息所包含的内容也不相同，因此利用 O/R 映射将其以对象的方式存放于系统中。

（3）业务层

业务层为系统核心业务的实现提供工具，如根据各个页面的参数信息确定所显示的数据，根据角色的数据权限为用户提供可定制的查询、统计功能，并提供与其他系统的数据接口。同时在系统内部充分采用灵活性高的组件及中间件开发技术，以提高系统的通用性和可移植性。

（4）表现层

系统的表现层主要是采用网页的方式为用户提供信息显示和操作界面。系统将以 AcivteX 控件的方式显示格式复杂的数据，同时，AJAX 技术与服务器端相结合，为用户提供友好的用户界面和帮助信息。对于需要提供外部使用的接口，可以以网页的形式提供，与内部调用使用同样的业务逻辑接口，保证数据的一致性、完整性和及时性。

（5）客户端

客户端只需要使用操作系统提供的浏览器，以及本系统提供的 ActiveX 控件，即可使用本系统的各项功能。

四 系统数据库设计

在系统的数据库设计上，按照数据特点、服务对象和应用特点的不同，将整个数据库体系划分为三大类数据库，分别是基础数据库、分析数据库和发布数据库。

基础数据库主要是为管理各类数据设计的，同时也是分析数据的来源和发布数据的来源之一。分析数据库主要是为了对基础数据信息进行综合分析而按照模型设计的，数据库设计主要采用星型结构。发布数据库保存所有通过系统分析评价最终显示给用户的信息。

　　数据库主要是为管理各类数据设计的。基础数据库主要包含电子产品信息表、可资源化物质信息表、地域价格信息表；分析数据库包括用户表、电子产品表、年度地区数据表、年度数据表、月度数据表、时空分布表；发布数据库包括新闻发布表、用户数据表、资源化物含量表。

　　废弃电子产品资源化潜力评价系统包含的统计数据有：电子信息产业主要产品的生产量、销售量；各地区城镇、乡村居民户数；城镇（农村）居民家庭每百户耐用品拥有量；全国、各省（市）城镇（农村）手机、电脑、洗衣机、空调、冰箱、电视拥有量（台）；手机、电脑、洗衣机、空调、冰箱、电视中所含可资源物如金、银、铜、铁、铝、塑料、玻璃含量等。

第二节　系统实现

一　系统功能

　　废弃电子产品资源化潜力预测评价系统的功能包括：登录模块、资源化潜力预测、资源分布、电子产品、可回收资源物、法律法规、资源化技术、系统管理。如表4－1所示。

表4－1　系统功能描述

序号	功能名称	功能描述
1	登录模块	支持用户登录，显示用户登录状态信息，保留用户修改信息
2	资源化潜力预测	选取数据库中年份、月份、季度、地区、产品类型、城镇或农村调用相应评价预测模型，以图形的形式显示预测结果，也可查询浏览相关数据

序号	功能名称	功能描述
3	资源分布	通过下拉列表显示全国、各省（市）地区、不同年份的电子产品拥有量及报废量，以区域图的形式显示，可选择路径保存资源分布图
4	电子产品	描述电子产品编号、电子产品废弃量、电子产品具体内容
5	可回收资源物	具体描述可回收资源物的详细信息
6	法律法规	发布、添加与电子产品资源物相关的法律法规、标准规范等信息
7	资源化技术	发布、添加与电子产品资源物相关的技术信息
8	系统管理	实现对用户信息、电子产品信息、可回收资源物信息、评价预测数据、行业动态的查看、添加、删除和修改操作

选取数据库中分年度、月度、季度、地区数据，调用相应评价预测模型，显示分析预测结果，支持分析结果的打印保存。

系统管理实现对用户信息、资源物信息、电子产品信息、评价预测数据、行业动态的查看、添加、删除和修改功能。如表4-2所示。

表4-2　系统管理功能

功能名称	功能描述
用户登录	根据登录用户的权限来初始化系统界面
用户管理	用户信息管理（用户信息的增加、删除、修改、保存及密码修改）
系统设置	维护系统运行的一些系统设置参数以及对数据库中数据和地图进行设置、维护
地图管理	控制地图管理窗口的显示和隐藏
查询属性	控制查询属性窗口的显示和隐藏

废弃电子产品资源化潜力预测评价系统登录界面如图4-2所示。

图 4 - 2　废弃电子产品资源化潜力预测评价系统登录界面

点击系统顶部菜单"资源化预测"时，系统左边显示模型简介、评价分析、数据浏览二级菜单。右边显示系统模型列表和评价分析列表。点击列表中的各条目，显示具体信息。

模型预测包括系统常用的图形入库、数据入库、基于模型查询预测等功能。模型查询预测功能结构及各模块流程如图 4 - 3、图 4 - 4、图 4 - 5、图 4 - 6 所示。

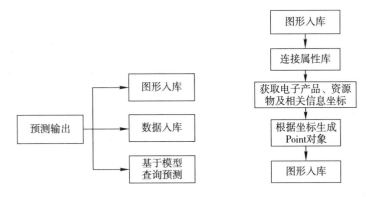

图 4 - 3　模型预测功能结构　　图 4 - 4　图形入库流程

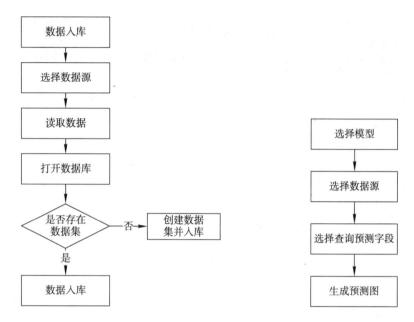

图 4 - 5 数据入库流程   图 4 - 6 基于模型预测流程

模型预测各模块功能如表 4 - 3 所示。

表 4 - 3 模块功能

模块名称	模块功能
图形入库	在属性数据入库过程中，根据属性信息中的经纬度坐标实现电子产品空间信息的定位，使相关属性数据与地图相结合
数据入库	提供用户便捷地将数据导入到数据库中的功能
模型预测	根据模型选择的查询内容和查询条件生成模型预测图

二 系统预测

废弃电子产品资源化预测的具体实现，通过用户点击"资源化预测"显示评价分析、模型简介、数据浏览三个栏目。

1. 中国电子产品废弃量评价预测

用户点击中国电子产品废弃量评价预测栏目，显示分为横向对比分析和纵向发展分析界面。

在横向对比分析中，用户可选择年份对废弃量进行对比分析。如选择 2008 年，点击生成按钮进行 2008 年所有电子产品（冰箱、洗衣机、空调、电脑、手机、电视机等）废弃量的对比分析。如图 4 - 7 所示。

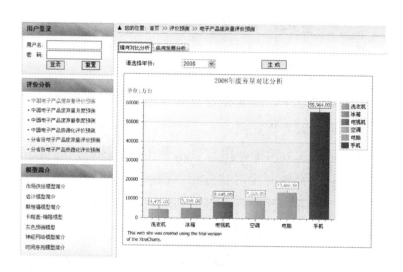

图 4 - 7　中国电子产品废弃量

在纵向发展分析中，用户可选择模型、类型进行废弃量对比分析，如选择市场供给模型和冰箱，点击生成按钮，显示市场供给模型 - 冰箱预测分析图。

选择模型：市场供给模型、估计模型、卡内基·梅隆模型、灰色预测模型、时间序列模型、斯坦福模型。

选择类型：冰箱、洗衣机、空调、电脑、手机、电视机，如图 4 - 8 所示。

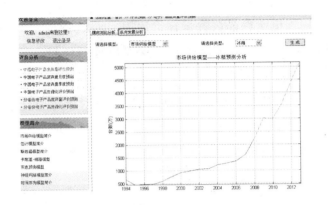

图 4 – 8　市场供给模型 – 冰箱预测分析

2. 中国电子产品废弃量月度预测

点击对该电子产品废弃量月度预测，显示分为横向对比分析和纵向发展分析界面。

在横向对比分析中，用户可选择年份、月份，点击生成按钮，进行废弃量月度对比分析。图 4 – 9 是 2008 年 1 月各电子产品（冰箱、洗衣机、空调、电脑、手机、电视机）废弃量对比分析的柱状月度预测图。

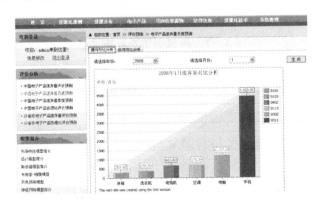

图 4 – 9　柱状月度预测图

在纵向发展分析中，用户可选择模型、类型，点击生成按钮，进行废弃量月度纵向发展分析。图4－10是2009年1月～2010年9月冰箱月度废弃量纵向发展分析图。

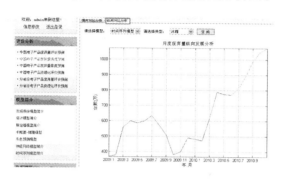

图4－10　纵向发展分析图

3. 中国电子产品废弃量季度预测

点击对中国电子产品废弃量的季度预测，显示分为横向对比分析和纵向发展分析界面。

在横向对比分析中，用户可选择年份、季度，点击生成按钮，进行废弃量季度对比分析。图4－11是2008年1季度各电子产品（冰箱、洗衣机、空调、电脑、手机、电视机等）废弃量对比分析柱状季度分析图。

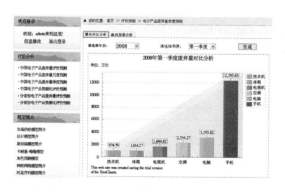

图4－11　柱状季度分析图

在纵向发展分析中，用户可选择类型，点击生成按钮，进行废弃量季度纵向发展分析。图 4 – 12 是 2006 年 1 季度~2011 年 1 季度冰箱季度废弃量纵向发展分析图。

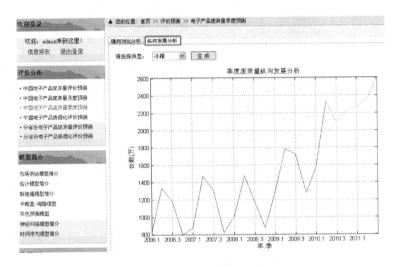

图 4 – 12   纵向发展分析图

4. 中国电子产品资源化评价预测

点击对中国电子产品资源化评价预测，显示分为横向对比分析和纵向发展分析界面。

在横向对比分析中，用户根据需要选择类型、年份、资源物，点击生成按钮，对该电子产品资源化进行评价预测。

选择类型：冰箱、洗衣机、空调、电脑、手机、电视机等。

资源物：金、银、铜、铁等。

图 4 – 13 为 2008 年电脑资源物评价分析图。

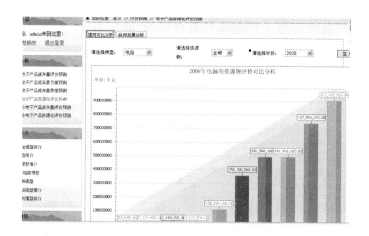

图 4 - 13　电脑资源物评价分析图

在纵向发展分析中，用户可选择模型、类型、资源物，点击生成按钮，进行资源物纵向发展分析。图 4 - 14 为使用市场供给模型对 1994 ~ 2012 年冰箱中所含全部资源物的纵向发展分析图。

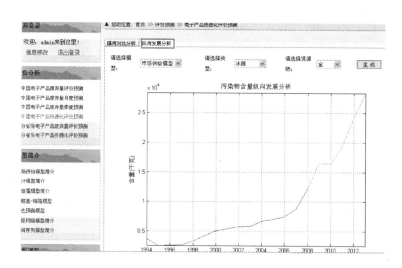

图 4 - 14　纵向发展分析图

5. 分省份电子产品废弃量评价预测

点击分省份电子产品废弃量评价预测，显示分为横向对比分析和纵向发展分析界面。

在横向对比分析中，用户根据需要选择年份、地区、城乡，点击生成按钮，进行分省份电子产品废弃量评价预测。

选择地区：全国、北京、天津、上海、河北、陕西、山西、辽宁、吉林、内蒙古、甘肃、黑龙江、江苏、浙江、安徽、福建、江西、山东、河南、湖北、湖南、广东、广西、海南、重庆、四川、贵州、云南、西藏、青海、宁夏、新疆。

选择城乡：城镇、乡村和全部。

图 4 - 15 为 2007 年北京电子产品（冰箱、洗衣机、空调、电脑、手机、电视机等）乡村废弃量对比分析图。

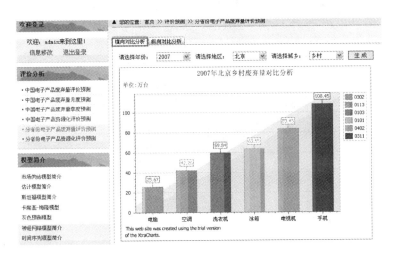

图 4 - 15　2007 年北京电子产品乡村废弃量对比分析

在纵向发展分析中，用户可选择模型、类型、地区、城乡，点击生成按钮，进行分省份电子产品废弃量评价预测纵向发展分析，图4－16为市场供给模型对2006～2013年全国冰箱所有废弃量柱状纵向发展分析图。

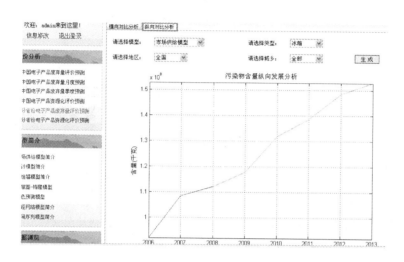

图4－16　柱状纵向发展分析图

6. 分省份电子产品资源化评价预测

点击分省份电子产品资源化评价预测，显示分为横向对比分析和纵向发展分析界面。

在横向对比分析中，用户根据需要选择类型、资源物、年份、地区、城乡，点击生成按钮，进行分省份电子产品资源化评价预测。

选择类型：冰箱、洗衣机、空调、电脑、手机、电视机。

选择资源物：金、银、铜、铁。

选择地区：全国、北京、天津、上海、河北、陕西、山西、辽宁、吉林、内蒙古、甘肃、黑龙江、江苏、浙江、安徽、福建、江西、山东、河南、湖北、湖南、广东、广西、海南、重庆、四川、贵州、云南、西藏、青海、宁夏、新疆。

选择城乡：城镇、乡村和全部。图 4 - 17 为 2008 年北京乡村冰箱的资源化评价对比分析图。

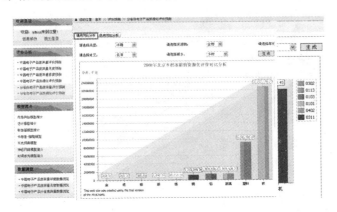

图 4 - 17 2008 年北京乡村冰箱的资源化评价对比分析

在纵向发展分析中，用户可选择模型、类型、资源物、地区、城乡，点击生成按钮，进行分省份电子产品资源化评价预测纵向发展分析。图 4 - 18 为市场供给模型对 2006 ~ 2013 年全国冰箱乡村所有资源物的纵向发展分析图。

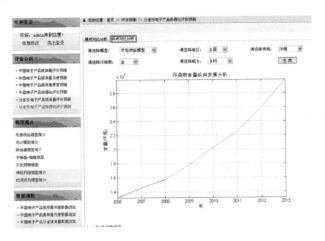

图 4 - 18 全国冰箱乡村所有资源物的纵向发展分析

7．分省份资源化预测评价分析模型

资源分布模块通过选择下拉列表显示全国、各地区、各年度的电子产品（冰箱、洗衣机、空调、电脑、手机、电视机）拥有量和报废量，以及分析结果图，用户可通过选择资源分布图保存路径实现图片存储。分析图可预先通过 GIS 相关软件处理生成，存入服务器的指定位置。时空分布表存储不同年度、产品类别、数据类型、图片分析说明及相应分析结果的图片地址等信息，如表4-4、表4-5所示。

表4-4　资源分布

序号	字段名称	物理名称	数据类型
1	SKFBID	唯一标识	bigint
2	SKFBND	年度	int
3	SKFBLB	产品类别	nvarchar（50）
4	SKFBLX	数据类型	nvarchar（50）
5	SKFBSM	分析说明	text
6	SKFBTPDZ	图片地址	nvarchar（500）

表4-5　图片地址

ID	年代	产品类型	数据类型	分析说明
1	2000	电脑	拥有量	从图形可以看出
2	2001	手机	报废量	从图形可以看出

主要统计类型：冰箱、洗衣机、空调、电脑、手机、电视机。

主要统计年份：2001～2008年。

第三节 小结

基于废弃电子产品资源化潜力预测是通过对其进行资源化价值分析、探讨所含金属的价值量、回收的难易程度来讨论废弃电子产品资源化价值潜力预测。与地理信息系统相结合通过直观图形的形式进行资源化潜力预测分析，为进一步研究废弃电子产品资源化利用提供有力的保证。该系统采用智能化分析处理、知识挖掘和人工监控调整相结合的处理方法，提高电子产品中可资源化物质的分类、存在方式和含量分析的准确性。通过使用 ASP. NET、ADO. NET、链接数据库技术实现对分布式数据库的访问，从而缩短了系统的响应时间。建成后的废弃电子产品污染评价系统有如下特点：

（1）采用先进的分布式多层架构，基于标准的可重用服务组件库以及开放灵活的体系结构，方便系统扩充。通过预留的接口，系统可以实现与其他业务系统的延伸连接，同时也为以后的扩展提供了一个良好的接口。系统拥有综合强大的信息采集、编辑和查询分析统计功能，该功能的设计综合了数据库查询、分类统计计算、窗口显示、表格输出等多项技术，并结合数据库具体结构和用户查询需求，建立方便、实用、高扩展性、安全的查询统计模块。

（2）知识挖掘是从数据集中识别出有效的、新颖的、潜在有用的，以及最终可理解的模式的非平凡过程。使用知识挖掘对数据进行较高层次的处理和分析，以得到数据总体特征并对发展趋势预测。

希望政府能够从国民的长远利益出发，通过政府作为、公民意识和企业市场行为共同作用完善电子垃圾资源化体系，从而使我国工业乃至经济有更好的发展。

第五章
废弃电子产品资源化预测模型
比较与分析

第一节　预测模型比较

废弃电子产品需求量反映城乡居民对废弃电子产品的需求和消费情况，同收入指标一样，在我国现行统计体系中，分别采用了农村居民人均电子消费量和城镇居民人均电子消费量来分别反映农村居民和城镇居民实际对废弃电子产品的需求与消费情况。这些资料主要来源于《中国统计年鉴》《中国工业统计年鉴》《中国商业统计年鉴》《世界统计年鉴》《中国对外经济贸易年鉴》《中国市场统计年鉴》《中国物价年鉴》《北京统计年鉴》等。

预测使用数据主要是基于年度、季度、月度的数据，包括废弃电子产品总量数据（供给量与需求量、城镇居民与农村居民人数）、指数数据（废弃电子产品收购价格指数和零售价格指数）、均值数据（城镇居民与农村居民人均年收入）等。选择各省废弃电子产品（电脑、手机、洗衣机、冰箱、电视机、空调）年度、季度、月度的销售量、价格为预测对象；预测模型为时序组合模型、灰色预测模型、神经网络模型、斯坦福模型、卡内基·梅隆模型、市场供给模型；预测评价采用的指标为相对误差，指标预测的评价需求为误差不大于10%。

一　电子产品年度、季度废弃量比较

预测中国电子产品年度、季度废弃量数据的变化趋势，显示不同年份、季度手机、电脑、电视机、空调、电冰箱、洗衣机废弃量数据，适合采用市场供给模型、卡内基·梅隆模型、灰色预测模型、神经网络模型等，如表5-1所示。

表5-1　年度数据

ID	年份	类型	数据（万台）
1	2001	手机	3397
2	2002	手机	6289
3	2003	手机	9007
4	2004	手机	11135
5	2005	手机	13700
6	2006	手机	15288
7	2007	手机	16518
8	2008	手机	17202

资料来源：《中国统计年鉴》。

二　电子产品月度废弃量比较

预测中国电子产品月度废弃量数据的变化趋势，显示某一年度不同月份手机、电脑、电视机、空调、电冰箱、洗衣机废弃量数据，适合采用时间序列模型，如表5-2所示。

表 5 - 2　月度数据

ID	年份	月度	类型	数据（万台）
1	2008	1	电脑	1113. 668
2	2008	2	电脑	1122. 876
3	2008	3	电脑	1269. 807
4	2008	4	电脑	1627. 7
5	2008	5	电脑	1267. 889
6	2008	6	电脑	1284. 734
7	2008	7	电脑	1370. 529
8	2008	8	电脑	1529. 587
9	2008	9	电脑	1606. 567
10	2008	10	电脑	1727. 849
11	2008	11	电脑	1699. 164
12	2008	12	电脑	1316. 302

三　电子产品分省份废弃量比较

预测中国电子产品分省份废弃量数据的变化趋势。如表 5 - 3 所示。

表 5 - 3　年度地区数据

ID	类别	城乡	地区	年度	百户废弃量	户数（万户）	台数（万台）
1	洗衣机	乡村	北京	2008	99. 07	64. 61	9907
2	洗衣机	乡村	天津	2008	98. 5	59. 39	9850
3	洗衣机	乡村	河北	2008	82. 43	998. 33	8243
4	洗衣机	乡村	山西	2008	77. 14	453. 43	7714
5	洗衣机	乡村	内蒙古	2008	52. 33	307. 77	5233
6	洗衣机	乡村	辽宁	2008	72. 28	458. 91	7228
7	洗衣机	乡村	吉林	2008	72. 44	329. 55	7244
8	洗衣机	乡村	黑龙江	2008	75. 58	464. 65	7558

显示各地区、不同年度、城市和乡村及其户数、该地区所拥有手机、电脑、电视机、空调、电冰箱、洗衣机的百户

废弃量数据（其中百户废弃量和户数字段为中间数据，不参与系统调用），主要应用于统计模型。

四　不同预测模型比较

1. 时间序列模型

时间序列模型是根据时间序列的历史数据，运用 AR、MA、ARMA 模型对未来任意时间的数据进行推测，但由于未来有太多的不确定性，在现实中一般短期预测才有意义。从实际预测结果中，我们发现 AR 模型能比较好地分析、计算我国废弃电脑回收量波动情况，具有较好的应用前景（孟娜、周以齐，2006）。

由于经济和商业领域存在大量的时间序列，对时间序列数据的建模、预测有重要的意义和作用。但也存在一些问题：如数据来源不全面，单一的数据将会使统计分析结果呈现虚假的走势，对研究工作无法起到真实有效的指导作用。所以研究中应该尽可能地收集数据资料，对废弃电子产品、如废弃电脑、废弃手机销售量进行废弃量的预测。

上面废弃电子资源化潜力预测评价系统的预测结果显示，我国废弃电脑回收量在未来的几年里，将保持较为稳定的速度增长，但同时也应看到其中存在的问题。随着我国工业化进程的不断加快，我国工业发展取得了巨大进步，但是，诸如资源短缺、环境污染加重、国际竞争加剧、社会矛盾增加等问题也日益突出，并且已经对我国的发展产生一定的影响，阻碍了工业增长。

2. 斯坦福模型

斯坦福模型是由市场供给模型发展起来的，所以更能体现供销关系的影响，指导企业在有限的投资下有效优化资源配置。模型考虑了产品寿命期分布随时间的变化，特别适合于估算电脑、手机等淘汰速度变化很快的 IT 产品。对废弃电脑的估算可采用斯坦福估算模型，在该模型中，通过产品的销售量和产品的寿命期对废物产生量进行估算，并对服从不同寿命期的数量分别赋予一定的比例。

因此，根据我国计算机、手机、电视机、洗衣机、电冰箱、空调等消费类电子产品的生命周期特点，在斯坦福模型中引入时间、地域梯度因子，预测我国电子产品废弃量与分布形态。由于不同型号和品牌产品材料含量有一定差别，使用时间序列预测模型、斯坦福模型等得出的结果往往不够理想。

3. 卡内基·梅隆模型

卡内基·梅隆估算模型考虑了废弃电脑、手机、电冰箱、空调、洗衣机、电视机维修后作为二手产品继续使用的过程，考虑再循环和进入填埋场的部分。可以按照电子产品废弃后进入不同的处理处置阶段而进行再使用（作为二手产品使用）、循环（废弃电子产品零部件再利用及资源化回收）、储存（闲置）和填埋（最终废弃)4 种不同处置的界定。

鉴于当前中国尚无对以往年份废弃电子产品数量的统计，无法通过以往年份废弃量的统计值对计算值进行参数设定的修正，未来可通过实际废弃量对参数进行调整，得到更科学准确的预测结果。

由于卡内基·梅隆模型和后续使用的计算方法在同功能预测方法中较为简单易懂，同时该方法对销售量较大的电子产品有普遍适用性，能为废弃电子产品有效管理和基础研究提供科学的数据支持。模型通过对废弃电子产品产生量的估算以期对我国废弃电子产品管理提供数据支持，在计算中不仅需要估算各种废弃电子产品总量，还需要针对废弃电子产品种类、不同尺寸的重量和材料构成进行估算。

4. 市场供给模型

市场供给模型，鉴于废弃电子产品具有对环境的危害性和显著的资源化潜力与资源可再生利用价值等特点，利用市场供给模型按年度计算各类电子电器的产生量和进出口量，确定国内电子电器产品的保有量，根据其产品平均寿命推算某年度的废弃量。有利于加大废弃电子产品回收处置力度、促进资源的循环利用、实现中国经济与社会的可持续发展，具有重要的现实意义。

5. 灰色预测模型

灰色预测模型以 GM(1，1)模型为基础，由于 GM(1，1)模型是一种呈指数增长的预测模型，主要适用于按单一指数规律增长的数列，对序列数据出现的异常情况往往很难加以考虑。所以预测模型 GM(1，1)模型界定了有效区、慎用区、不宜区和禁区。

灰色预测模型适用于原始数据光滑性较好的情况，在少量试验基础上通过灰色系统理论，可以处理"小样本""贫信息"等信息不完备系统，可以大量减轻试验工作量，从而降低经济消耗，是一种值得进一步深入研究的理论。建立灰色预测模型可以得到废弃电子销售量预测值，经过与试验值的比较可知模型具有足够的精度。

6. 神经网络模型

神经网络模型在废弃电子可资源化预测中的应用是可行的，使用此模型能得到较满意的精度，在较大范围内若已知点位稀少或分布不均匀，则神经网络模型优于灰色预测模型。从大量的实证中我们可以看到，神经网络的初始数据质量严重影响网络的输出精度，因此已知数据要尽量均匀分布在测区内（蒲春等，2006）。

BP 网络的各种算法在实际问题中都存在一些具体的问题，使得 BP 网络的应用受到一定的限制：如神经网络的建立实际上是一个不断尝试的过程，为了保证网络输出具有很高的精度，选取初始权值和阈值、隐层的神经元数量和隐层的层数具有不确定性，网络的层数及每一层节点的个数都需要不断地尝试来改进；神经网络学习过程的算法在数学计算上比较复杂，过程也比较烦琐，容易出错；BP 网络也可能找不到某个具体问题的解，如在训练过程陷入了局部最小的情况，这些问题都有待我们在今后的实际工作中进一步研究。

所以从不同的神经网络的分析中，要学习选择更有利的简便方法，以解决非线性网络选择学习率的问题，重点考虑到学习率太低会使得学习时间过长，学习率太高又会导致学习不稳定，这就需要通过博弈的方法来选取更适合解决问题的有效学习率。

第二节　预测模型分析

一　横向比较分析

通过省份间的横向比较可以直观地显示出，同一类电子产品在不同省份间废弃量的差异。我国区域经济发展不平衡，电子产品废弃量水平也参差不齐，对不同省份电子产品的废弃量可以采用多种模型进行预测。以河南省、北京市、上海市电脑、电视机、空调、洗衣机年度报废量为例，进行横向预测对比分析。

河南省电脑报废量呈现平稳走势，显示出河南作为一个人口大省对家电的需求和使用仍有很大空间，呈现出持续增长的态势。

北京市总体的家电消费呈现出平稳化态势，由于北京市属于典型的移民城市，耐用家电的新增消费以常住人口为主，而流动人口对新增量的贡献不显著。未来一段时期内，北京市整体的耐用家电的新增消费量主要是替代性消费，主要以产品的升级换代为主。

上海市居民电子产品的更新主要是由于新产品的开发、居民生活水平提高、购买力增强所致。电脑、电视机、空调、洗衣机由于款式过时、功能落后而更换新产品的均占到40%以上，如表5-4所示。

表5-4　电子产品淘汰原因分析

项目	电脑	电视机	空调	洗衣机
款式过时/功能落后	47.11	51.23	40.59	37.68
故障/不能使用	17.62	26.2	32.47	43.56
有购买能力	27.12	16.1	16.61	10.68
其他	8.15	6.47	10.33	8.08

导致这种情况的主要原因是：

（1）新型电子产品的不断开发造成废弃电子产品种类繁多。

（2）电子产品的普及造成废弃电子产品的增多。

（3）电子产品在科技发展和需求增长的双重拉动下不断升级换代，导致废弃电子产品的增长速度越来越快。

对比不同消费区域，城镇居民消费能力较强，而农村居民由于受消费能力和观念转化相对滞后的影响，消费能力仍较低。另外，不同的经济地区对不同电子产品的需求也呈现较大的反差：经济发达地区手机、电脑的需求量上升很快；相对欠发达地区，特别是我国西部地区仍以固定电话为消费主流，需求的差异直接导致电子产品废弃量的差异。经过对比分析预测，在我国电子产品社会保有量未达到饱和状态前，考虑到现有的消费习惯和数据来源，最好使用卡内基·梅隆模型。

二 纵向发展分析

省份纵向发展分析集中反映一个地区内不同时间段电子产品废弃量变化的趋势。纵向区域分析是利用各省份不同时间段的电子产品废弃量的数据，结合相关文献中资源物占不同电子产品的比例，计算出每种资源物在不同省份中的资源量，再结合当地具体情况分析出每个省份电子产品不同时间段的资源化潜力的异同。综合考虑影响废弃电子产品发展的经济、政治等因素，使预测结果更加符合发展趋势，为废弃电子产品预测的网络建设提供合理的用户预测方法和可靠的理论依据。

研究废弃电子产品资源化潜力评价系统，不仅要明确电子产品拥有量和报废量，而且还要明确其在空间的分布情况，以地区为单位进行估算。电子产品拥有量和报废量与人口及经济发展水平等因素有关，以各地区人口数量和人均GDP作为影响因素，估算电子产品拥有量和报废量在各区域和不同时间段的数量、分布密度等。

从单位面积的分布密度中可以看出，发达城市的分布密度远远大于欠发达地区；从各地区的总量分布来看，电子产品拥有量和报废量不仅与人口数量有关，而且与当地的经济发展水平也有很大的关系；从不同时间段来看，电子产品拥有量和报废量随着时间的推移在不断地增加，增幅比例逐渐加大，尤其农村地区的废弃电子产品在最近几年增幅显著。因此一般来说，发达地区电子产品拥有量和报废量要比周边欠发达地区电子产品拥有量和报废量大。

综上所述，不同时间段中各地区电子产品的销售情况不同，废弃电子产品的保有量也将根据各地区城镇居民自发性消费的变化进行预测估计。通过各地区城镇居民平均每人全年消费性支出和人均可支配收入的分析比较，可以从整体区域性的角度对废弃电子产品保有量进行预测分析。例如，对上海市 2010 年以后电子产品废弃量进行预测，得出其以年均 1.7% 的速度增长，这表明上海市已经进入废弃电子产品产生的高峰阶段。尽管总量在不断上升，但由于每种电子产品的技术含量和市场需求不同，其占总量的比例是不断变化的，其中最显著的例子是固定电话和移动电话。

例如，使用时间序列模型进行 2011 年第 1 季度 ~ 2015 年第 4 季度手机保有量预测（刘瑞年，2009；陆宁等，2006）

ARMA（3，2）模型对应表达式：

$$y_t = 0.0466 + 1.8129y_{t-1} - 1.6919y_{t-2} + 1.6592y_{t-3} -$$
$$0.78026y_{t-4} + 0.5795v_{t-2} \tag{5-1}$$

可以推测出时间序列 x_t 预测表达式为：

$$x_t = e^{9.41294 + 1.8129y_{t-1} - 1.6919y_{t-2} + 1.6592y_{t-3} - 0.78026y_{t-4} + 0.5795v_{t-2}} \qquad (5-2)$$

用 Eviews 对 2011 年第 1 季度 ~ 2015 年第 4 季度手机保有量预测结果如表 5 - 5 所示。

表 5 - 5　对 2011 年 1 季度 ~ 2015 年 4 季度手机
保有量预测值（万台）

时间	手机保有量	时间	手机保有量
2011 年 1 季度	206486.435	2013 年 3 季度	972679.584
2011 年 2 季度	240698.406	2013 年 4 季度	1132898.56
2011 年 3 季度	282405.709	2014 年 1 季度	1320340.22
2011 年 4 季度	325784.044	2014 年 2 季度	1558462.01
2012 年 1 季度	375389.713	2014 年 3 季度	1838958.62
2012 年 2 季度	440836.792	2014 年 4 季度	2146351.54
2012 年 3 季度	519374.25	2015 年 1 季度	2508360.7
2012 年 4 季度	602817.635	2015 年 2 季度	2962073.2
2013 年 1 季度	705142.017	2015 年 3 季度	337405.11
2013 年 2 季度	839425.196	2015 年 4 季度	378260.45

采用 AR 时间序列模型预测手机季度废弃量（万台），如表 5 - 6 所示。

表 5 - 6　时间序列模型预测手机季度废弃量

时间	手机废弃量（万台）	时间	手机废弃量（万台）
2011 年 1 季度	206486.435	2013 年 1 季度	699520.235
2011 年 2 季度	240698.406	2013 年 2 季度	824415.558
2011 年 3 季度	282405.709	2013 年 3 季度	972679.584
2011 年 4 季度	325784.044	2013 年 4 季度	1132898.56
2012 年 1 季度	375389.713	2014 年 1 季度	1320340.22
2012 年 2 季度	440836.792	2014 年 2 季度	1558462.01
2012 年 3 季度	519374.25	2014 年 3 季度	1838958.62
2012 年 4 季度	602817.635	2014 年 4 季度	2146351.54

时间序列模型主要包括 AR 模型、MA 模型和 ARMA 模型。时间序列模型可以对未来任意时间的数据进行推测，但由于长期预测中不确定性会逐渐增加，在现实中一般只有短期预测才有意义。预测结果显示，我国电脑季度废弃量在未来的一段时间里，都将以较为稳定的速度增长。

第三节 资源化评价分析

一 质量评价分析

废弃电子产品的资源化过程包含两层含义：一是重新使用，即废弃的电子产品经修理或升级以延长其使用寿命；二是循环再生，包括拆解元器件的回收利用和物料的回收利用。

废弃电子产品资源化价值包括三个因素：所含金属的价值、废弃资源量以及废弃电子回收的难易程度。由于废弃电子产品组成成分复杂、材料多样，其所含金属的价值（曹亦俊，2002）如表 5-7 所示。

表 5-7 个人电脑中印刷电路板的主要组成元素及含量

成分	含量（%）	成分	含量（%）	成分	含量（%）
Al	4.7	Br	0.54	Ga	0.0035
Ag	0.33	C	9.6	Mn	0.47
As	<0.01	Cd	0.015	Mo	0.003
Au	0.008	Cl	1.74	Ni	0.47
S	0.1	Cr	0.05	Zn	1.3
Ba	0.02	Cu	26.8	Sb	0.06
Be	0.00011	F	0.094	Se	0.0041

表 5 - 7 中列出了电脑中电路板含有的各种金属。在各类废弃电路板中含量较高的金属有铁、铜、二氧化硅、铝等，这些成分在工业生产中都有很大的使用价值。

以电脑为例，其成分如下：黑色金属约占 32%，有色金属约占 3%，塑料约占 22%。其线路板含有金、银、钯等贵金属，若经回收利用，便可产生高的经济价值。据统计，废弃手机中平均含有 14 克铜、0.19 克银、0.03 克金等贵金属。而电子电路板中贵金属的含量更是可观，平均每吨电子电路板中可以分离出 286 磅铜、1 磅黄金和 44 磅锡。

这些资源如果被当作普通垃圾丢弃，则是对社会财富的极大浪费。这些资源如果利用得当，将会对循环经济起到很好的推动作用（段晨龙等，2003）。

表 5 - 8 列出了各种电器的废弃量和保有量。

表 5 - 8　各种电器的废弃量和保有量

单位：万台

产品	2004 年年底		2005 年年底		2006 年年底		2007 年年底	
	保有量	废弃量	保有量	废弃量	保有量	废弃量	保有量	废弃量
冰箱	20056	490	20605	553	23189	624	24835	706
洗衣机	24598	650	25943	682	27305	716	28682	752
彩电	40266	1210	44976	1303	50628	1403	57410	1511
手机	3100	1780	35000	1954	37000	2130	38500	2339
电脑	5320	610	7026	638	8898	657	10871	677
电话	34345	1360	37779	1509	41557	1675	45713	1860

电子产品的产量一直持增长态势，说明人们对电子产品的需求在逐年增加，从表 5 - 8 中可看到各种电器产品保有量

和废弃量的对比趋势是上升的，尤其是手机、电视机、洗衣机、彩电、空调、电脑的废弃量逐年递增，在未来十年间，我国还将会有数以亿计的电子垃圾产生，因此废弃电子产品的资源化处理刻不容缓。

第三个因素——废弃电子产品回收的难易程度。废弃电子产品与其他生活废弃物以及可以利用的普通生活废弃物的区别在于环保型回收所需的技术要求较高，成本居高不下。统计显示，目前手机每年更换率约为40%，电脑CPU在短短的几年间就已从最初的奔腾Ⅱ经历了奔腾Ⅲ、奔腾Ⅳ到现在的双核处理器，在这些技术更新给我们带来便利的同时也产生了大量的电子垃圾，如此恶性循环给资源回收提出了更大的难度要求。

表5-9分析了资源化处理后的废物回收利用情况，表5-10分析了一台桌面电脑所使用的材料及其回收率（周全法、尚通明，2004；柴晓兰等，2003）。

表5-9　资源化处理后的废物回收利用

资源化处理后物质	后续处理情形
钢网、铜、铁、铝	资源处直接贩卖
铅、锶、钡、玻璃	送至专业回收厂处理
塑料混合物	进入塑料分选线，再生塑料原料利用
IC电路板	取下重要成分后，进入废电路板处理线
废电线、电缆	进入废电线电缆处理线
荧光粉	固化后送入特殊废弃物填埋场

目前对废弃电子产品的回收方法主要有火法回收、湿法回收、机械处理、电化学及生物回收等方法。化学方法

一直是广泛应用于从废弃电子产品中提取金、银等贵金属的成熟方法，物理方法通常是作为辅助手段和化学方法一起使用。

表 5 - 10　一台桌面电脑所使用的材料及其回收率

物质名称	质量分数（%）	质量（kg）	回收率（%）	主要的应用部件
硅石	22.48	6.8	0	屏幕、CRT、电路板（PWB）
塑料	22.99	6.26	20	外壳、底座、按钮、线缆皮
铁	20.47	5.58	80	结构、支架、磁体、CRT 和 PWB
铝	14.17	3.86	80	结构、导线、支架部件、连接器、PWB
铜	6.93	1.91	90	导线、连接器、CRT、PWB
铅	6.3	1.72	5	金属焊缝、防辐射屏、CRT 和 PWB
锌	2.2	0.6	60	电池、荧光粉
锡	1.01	0.27	70	金属焊点
镍	0.85	0.23	80	结构、支架、磁体、CRT 和 PWB
钡	0.03	0.05	0	CRT 中的真空管
锰	0.03	0.05	0	结构、支架、磁体、CRT 和 PWB
银	0.02	0.05	98	PWB 上的导体、连接器

　　废弃电子产品回收难易程度与一般生活垃圾相比，所需的技术较高，环保型的处理技术成本一直居高不下，很大程度上制约了废弃电子产品资源化利用。

　　鉴于此，废弃电子产品资源化的潜力预测可从可利用、可回收、高性价比的角度对手机、电脑等这些生命周期比较短、更新速度快的电子产品进行回收利用的研究分析。

二　效益评价分析

系统效益评价对电脑、手机、冰箱、洗衣机、空调、电视机中金、银、铜、铁、铝、锡、钯、铂、玻璃、塑料等成分进行资源化评价，采用时间序列模型、灰色预测模型、神经网络模型进行预测。

以 2003 年电脑数据为例，根据当年统计年鉴数据，并参考相关材料中日本废弃电子产品的平均重量及材料构成，大致估算 2003 年废弃家电的可回收资源含量（武增华、刘金权，2003），如表 5 - 11 所示。

表 5 - 11　2003 年我国废弃电脑中主要材料含量估算

类别	铁含量（%）	铁含量（万吨）	铜含量（%）	铜含量（万吨）	铝含量（%）	铝含量（万吨）	塑料含量（%）	塑料含量（万吨）
电脑	21	2.54	7	0.85	14	1.69	23	2.78

中国电子产品资源化评价预测对废弃电子产品进行定性、定量分析，估算出我国废弃电子产品中资源物的数量、所占该产品的比重和资源物价值，为科学、准确地统计和分析出各类因子的主次序列提供了数据支持。

由于不同省份电子产品保有量的不同，所产生的电子产品资源物也相应不同，鉴于此，选取不同省、市进行电子产品资源化评价有其现实和研究价值。

通过预测区域内电子产品保有量，我们可以预测出相应的电子产品资源物的含量，综合各省份具体情况得出结论。

考虑当前杂铜市场的价格可预测杂铜回收量，如表

5 - 12、表 5 - 13 所示。

表 5 - 12　杂铜市场价值

材　料	价格（万元/吨）	备注
钢铁	0.3	
塑料（混合）	0.3	
杂铜	3.4	这些价格只是一个大概估算，价格每日都有变化，随行就市
铝	1.1	
铜	4	

表 5 - 13　预测出的铜回收量

单位：万吨

年　份	2009 年 12 月	2010 年 1 月	2010 年 2 月
实际值	7667.748	6858.8608	5867.6809
预测值	8636.68	7583.836	6302.954

三　预测系统经济、社会、环境效益分析

1. 经济效益

本研究将整个信息服务系统应用示范于废弃电子资源化潜力预测评价系统，促进电脑、手机等主要电子产品废弃量、资源量评价预测，利用便捷的信息服务支持，快速提升企业核心竞争力。通过搭建预测服务平台能够为废弃电子回收企业提供资源、技术信息服务，避免数据的重复使用和技术重复引进，降低有关技术信息的传播成本、搜寻费用和研发费用，提高企业市场适应能力和综合竞争力。

本项目搭建的公共服务平台使得企业间可以便捷地获取基于地理信息的技术、产品、预测等信息，同时通过空间信息的

传播扩大企业的影响力，促进相关资源向优势企业聚集，推动企业的发展。同时可以为相关区域内电子产业提供包括预测、产品等信息的综合服务系统，可以促进企业内和企业间的资源优化配置，发挥企业技术优势，降低产品成本，抢占市场先机，显著提高企业的生产效率和经济效益，从而提升回收企业的整体经济效益，促进区域 GDP 和税收的增长。

具体来说，经济效益评估的方法一般可以归纳成三种形式：

（1）定性的评估方法，如行业评议、专家检查、回溯分析、经验趋势外推等。

（2）定量的评估方法，如数据资料、各种预测与决策模型等。

（3）定性与定量相结合的方法，即综合集成评估方法。

综合集成评估方法是项目评估方法发展的新趋势，它将定量方法和定性方法有机结合起来，能较好地满足项目评估时各方的需求，并考虑到诸多因素。

2. 社会效益

废弃电子资源化潜力预测评价服务系统应用在电子回收企业，有助于推动电子产业整体的发展，促进中小企业的增加与成长，创造就业机会。项目示范成功将为今后在国内建立相关电子产业支撑技术信息服务系统奠定坚实的基础。推动区域产业的发展，实现区域产业结构升级，带动行业的技术创新和产业创新，有效地促进我国电子产业内部的知识、技术、预测等信息资源的共享，为同质中小企业发展提供公平竞争的环境，利于中小企业创业发展，增加就业机会。

系统为回收企业提供可靠、便捷的协同信息服务；便于地方政府把握本地企业布局，合理配置资源，引导电子产业及回收企业的可持续发展；有利于政府各有关部门宏观把握电子产业布局，做出科学、合理的预测和决策，引导产业健康发展。课题的顺利实施为建立覆盖全国、具有地理信息的电子回收产业服务信息系统提供技术基础。对于政府主管经济部门的职能将具有巨大的统计分析、企业评价、参考、咨询、顾问、查询等重要作用，规划指导并组织实施下属区域工业结构和布局的调整等。

本项目有利于电子工业的大力发展，势必带动一大批相关产业的发展，如电子、电器、建筑、化工、物流、金融、生活服务行业等。因而系统可逐步带动信息、咨询、培训、展览等服务性行业，特别是生产性服务业。有利于从事电子行业及行业理论和实践相关研究的科研单位，可以利用系统内数据的查询、处理和分析，拓宽研究的视角和加大研究的深度。如分析地理因素对电子行业内企业的选址、供应商的选择、组织形式的选择的影响分析，在建立理论模型的基础上，可以通过该系统的数据进行相关的验证。又如电子行业回收产业与其相关的生产者服务业的关系，以及电子行业是如何影响行业内企业的生产、回收、技术进步和创新的等问题。

3. 环境效益

该项目的实施将为电子回收企业的发展提供重要的支撑，从而推动电子产业发展，促进资源整合，实现原料和能源的充分利用，降低能耗。企业群聚产生的规模效应有利于废弃物的集中处理与利用，减少环境污染，同时通过产业集群这种新的组织形式，有利于提高外部效应，节约治理环境的成本。

通过系统应用和后期改善，可以方便地获取企业内相关供应商的相关信息，提高企业的省内配套能力，缩短配套半径，降低采购成本，提高配套效率。结合废弃手机、电脑、空调、洗衣机、冰箱等的资源化预测，有助于发挥回收企业的带动作用，形成经济规模和产业集聚效应，提升电子产业的技术和资源化回收水平，使其生产与回收利用同步设计，推动和促进电子产业健康发展。

第四节　小结

通过对废弃电子产品资源化潜力评价预测，我们可以得知，我国缺乏对废弃电子电器产品的环境管理办法，没有专门机构对这些废弃电子产品进行资源评价、分类和回收，并采用符合环保要求的技术和设备进行处理。

目前在我国废弃电子产品回收处理环节中，主要是个体经营对废弃电子电器产品按照市场规律进行分工协作。拆解处理商户基于经济利益的驱动，主要以家庭作坊的形式存在，所以"拆解处理"的投资不大、规模也很小，只需要几十个人甚至几个人即可。为了节约成本，他们多使用简单的工具拆解、卖材料；有的废弃电子产品经营者只顾赚钱、不管环境，采用落后的、极不负责任的方式，用酸泡、火烧提取废弃电子产品中的稀贵金属，对价值较低的东西就随意丢弃，往往对土壤、水质和大气造成极大的污染（王景伟、徐金球，2004）。

　　对于废弃电子产品预测存在的缺点有：废弃电子产品的回收处理没有统一的标准化模式，统计的总体参数并不准确。估算所使用的数据主要来自对城镇家庭持有量的统计，不能涵盖废弃电子产品的所有来源，没有包含企事业单位、政府部门产生的废弃电子产品，电子产品生产商在生产过程中产生的废弃电子产品以及从国外非法流入的废弃电子产品，导致获得的数据可能小于实际的废弃物量。

第二篇
废弃电子产品资源化的技术经济评价

第六章
废弃电子产品资源化的技术经济评价的基本问题分析

本章以废弃电子产品资源化为研究对象，在废弃电子产品的资源化潜力、回收处理体系以及其他行业技术经济评价的研究基础上，结合技术经济学、循环经济理论、系统学理论、建模分析等相关理论，对废弃电子产品资源化进行技术经济评价研究，对废弃电子产品资源化的技术经济评价的问题识别、技术经济评价的概念设计、形式化体系、构建技术经济评价体系和应用相关成熟模型、完善技术经济评价体系及模型等进行研究，从定性和定量方面出发，结合评价的客观性和主观性相协调原则，形成科学合理的评价方案，具有重要的理论意义和现实意义。

（1）分析评价废弃电子产品的特点、资源化潜力和进行废弃电子产品资源化的技术经济评价的可行性和必要性。

（2）根据客观的评价原则，采用合理的方法构建出技术经济评价体系，应用相应的评价模型实现对废弃电子产品资源的技术经济评价。

（3）为理解和分析废弃电子产品资源化带来的经济效益、环境效益和社会效益分析提供一定的评价标准。

（4）为废弃电子产品回收处理企业提供科学合理的决策依据，给我国废弃电子产品资源化走向产业化和正规化的发展道路提供一些指导和参考。

（5）保障居民健康与经济利益，为发展循环经济，建立资源节约型和环境友好型社会提供支撑。

第一节　基于系统理论的技术经济评价问题的识别思想

技术经济评价的具体过程：技术经济评价是为了指导生产线和循环经济服务的，它的目标是根据评价对象给定的约束条件，按照一定的评价原则，采用相应的模型，得出较为准确的评价结果。对于废弃电子产品资源化的技术经济评价问题，要围绕指导废弃电子产品资源化生产线、循环经济和产业化的思想来进行有目的的评价。

一　系统思想确立技术经济评价的导向

系统思想主要有反馈性观点、有序性观点、整体性观点。将系统思想作为技术经济评价遵循的指导思想，对于做好技术经济评价有重要意义。

反馈性观点强调任何系统首先应确立系统应达到的目标，通过反馈作用，调节控制系统实现控制，才能使其导向目标。技术经济评价也是一个系统，是包括物质流、能源流和信息流，涉及人、财、物等的动态系统，必须通过反馈渠道使其产出和投入不断比较以达到系统的调节控制，得到满意的评价结果或方案。

有序性观点是动态性的观点。它强调任何系统只有开放与外界交换信息，才可能有序，才可能使系统不断向高级阶段转变。技术经济评价是理论与实际应用结合比较紧密的一个系统，随着技术、经济、环境、社会等的不断发展变化，它也必须做出相应的调整，才能适应技术、经济、环境、社会等不断发展的需要。

整体性观点强调任何系统的整体功能大于各部分的功能之和加上各部分间相互联系的功能之和，即整体大于部分之和。对于技术经济评价作为一个系统来说，包含相关性和层次性的观点，系统是由不同层次的要素组成的，系统本身又是更大一层系统的组成要素，要素之间相互联系、相互依存。因此，在进行技术经济评价时，不仅要发挥各子系统的评价功能，而且要重视发挥各子系统相互关系配合的功能，才能使整体系统功能最佳（刘家顺等，2006）。

二　系统分析确立技术经济评价的方法体系

系统分析是对系统的各个方面进行全面的分析评价，以求得系统总体的优化目标的方法体系。按照系统分析的内涵，技术经济评价的内容不仅要对废弃电子产品资源化影响技术、环境、经济、社会等的各个方面如资源化技术的先进适用性、与环境的协调性、经济的可行性、社会效益进行全面分析评价，而且要从不同层次评价主体的角度如微观角度（如企业角度和项目角度）和宏观角度（如国民经济角度和社会角度）全面评价废弃电子产品资源化的经济性，以达到兼顾宏观经济利益、微观经济利益的目的，使总体经济最优，进而找到进行技术经济评价内在的驱动因素，为下一步的技术经济评价方法、评价模型选择及其具体的评价指标设计明确方向。

三　系统方法论确立技术经济评价的原则

按照系统方法论，在进行技术经济评价过程中，要注重研究对象（废弃电子产品资源化）的总体性、综合性、定量化及最优化，做到定量评价与定性评价、总体评价与层次评价、宏观效益评价与微观效益评价、静态评价与动态评价、计量评价与统计分析相结合。

第二节　废弃电子产品资源化的技术经济评价的概念设计和概念模型

废弃电子产品资源化的技术经济评价是评价主体在一定的评价环境下，为了实现评价的目标功能、满足评价需求，根据废弃电子产品资源化过程的特点，结合相关方法和理论，进行科学系统分析，遵循相应的评价原则，建立科学合理的评价指标体系，进而采用相应的技术经济评价模型，对废弃电子产品资源化影响技术、经济、环境、社会等方面做出定性或定量、微观或宏观的评价。

废弃电子产品资源化的技术经济评价包括 5 个方面：

（1）提出与分析废弃电子产品资源化的技术经济评价问题，确定评价的目标功能，包括对废弃电子产品资源化技术经济评价的具体评价指标、评价方法、评价环境及其所需的基本数据。

（2）确定废弃电子产品资源化的技术经济评价的构思，调查并收集有关数据及资料。数据及资料是废弃电子产品资源化的技术经济评价的基础。根据技术经济评价的问题识别和系统理论，确定相应的评价思路。为了提高技术经济评价的质量和准度，保证数据和资料的真实性和准确性，必须对所收集的数据进行一定的处理。

（3）运用与调整技术经济评价模型，再针对所研究评价问题的特点，选择适合的一种或几种评价模型并进行求解和实证分析。

（4）对废弃电子产品资源化进行技术经济评价系统的结果，首先，通过调整与修正评价模型对结果做出解释；其次，对废弃电子产品资源化进行分析并系统评价其对技术、经济、社会、环境的影响。

（5）形成最终的评价结果或方案。根据所给出的定义及评价过程，可以看出对废弃电子产品资源化进行技术经济评价要涉及的重要因素包括废弃电子产品回收价格及回收量、拆解的成分及其市场价格、拆解的平均时间及劳动力投入、电力投入、劳动力的价格、有毒有害物质的处理成本、信息资料、评价方法、评价理论及模型、评价方案或结果等。可以把对废弃电子产品资源化进行技术经济评价系统中各问题的组成界定为：评价主体、评价环境、评价需求、评价模型、指标体系、评价对象、评价结果。具体概念模型如图6-1所示。

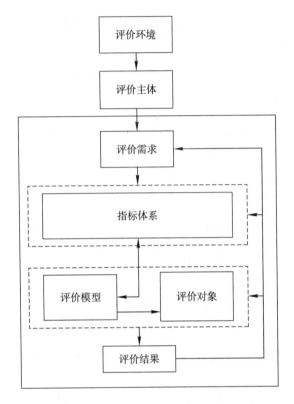

图 6 - 1　技术经济评价的概念模型

第三节　废弃电子产品资源化的技术经济评价体系

　　废弃电子产品资源化的技术经济评价概念模型的构建仅仅是问题识别的第一步。为了准确、可靠地完成废弃电子产品资源化的技术经济评价过程，还需要对概念模型进行形式化描述。

　　因此，废弃电子产品资源化的技术经济评价系统需要从中抽象出概念进行形式化的描述，问题形式化的主要任务是形成明确一致的、科学合理的形式化体系，以便在实际中可以用精确的方式阐释概念模型。

一 评价问题与评价主体

1. 评价问题

废弃电子产品资源化的评价问题是由评价主体、评价环境、评价需求、评价模型、指标体系、评价对象 6 元素及其之间相互关系形成的一个评价问题空间，称之为所研究的系统，记为

$$E = \{E_{subject}, E_{environment}, E_{demand}, E_{model}, E_{indicator}, E_{object}\} \qquad (6-1)$$

其中，$E_{subject}$ 表示评价主体类；E_{demand} 表示评价需求类；$E_{environment}$ 表示评价环境类；E_{model} 表示评价模型类；$E_{indicator}$ 表示指标体系类；E_{object} 表示评价对象类。

评价问题进行的工程主要包括：在一定的评价环境下，评价主体首先提出并识别评价需求，然后选择相应的模型和确定评价对象，拟定科学合理的评价指标体系，并获得一定的评价结果或者方案。

2. 评价主体（$E_{subject}$）

评价主体是在废弃电子产品资源化的技术经济评价中提出对废弃电子产品资源化进行技术经济评价需求的企业、政府或公众，在整个评价过程中处于支配要素地位。对于任一评价问题 $E_{subject}$，都具有交互、提出评价需求和根据需求得出评价结果采取相应行动的能力。

Class $E_{subject}$ { Property User_ Model//用户模式 }

$$\{E, E_{subject}\}$$

Method

$\approx$ Require($E_{subject}$)//提出与识别评价需求能力

$\approx$ Set($E_{indicator}$)//拟定评价指标体系的能力

$\approx$ Act( )//根据评价结果采取行动的能力 } (6-2)

其中，属性（Property）用于描述具体评价主体的用户模型，主要描述主体的基本特征、主体的差异，方法则描述评价主体所具备的能力。

在实际经济活动中，根据废弃电子产品资源化的技术经济评价的评价主体在经济活动中所扮演角色的不同，评价主体可以进一步划分为三个子类：

第一类：废弃电子产品资源化的相关企业，如全国电子生产厂商，废弃电子产品回收机构、回收企业。

第二类：政府。政府的角色之所以非常重要，是因为如果没有完善的回收、利用、处理和处置体系，废弃电子产品的再循环利用事实上是不可能的，从以下几个方面可以看出：第一，建立完善的废弃电子产品再循环法规，为废弃电子产品的循环利用提供法律支持。第二，建立再循环基金或进行专项拨款，为废弃电子产品的循环利用提供财政支持。第三，为减少废弃物的产生，促进废弃物的循环利用，实施生产者责任制。第四，建立权威的中介机构，为废弃电子产品的再利用提供技术支持和回收支持。

第三类：公众。公众对废弃电子产品的危害和资源价值意识十分重要，也是废弃电子产品资源化进行技术经济评价的评价主体的一类。

二 评价环境与指标体系

1. 评价环境（$E_{environment}$）

对废弃电子产品资源化进行技术经济评价，其评价环境包括外部环境和该行业内部发展情况，即受到外部环境和行业内部因素影响和制约。

根据文献资料和实际调查情况，评价环境主要反映在政治、技术、经济、需求、行业发展和其他因素对废弃电子产品资源化形成的影响。

（1）政治因素

影响废弃电子产品资源化的政治因素包括政策法规、法律制度、管理体制、信息流通等因素。它们对废弃电子产品资源化的技术经济评价体系建立有不同的影响。

（2）技术因素

废弃电子产品资源化的关键技术不同，对进行废弃电子产品资源化的技术经济评价中的评价指标选择及影响因子选取有重大影响。废弃物资源化技术可以分为三大类型，即机械（物理）法、冶金和化学法、生物法等（傅江等，2009年）。

（3）经济因素

影响废弃电子产品资源化的经济因素是指一个国家或地区的经济状况，主要包括经济发展状况、经济结构、居民收入、消费者结构等方面的情况。

（4）供求因素

废弃电子产品回收数量以及回收价格、废弃电子产品资源化处理使用的能源、资源、劳动力价格等都受供求因素影响。

（5）行业发展因素

影响废弃电子产品资源化的贸易与流通因素，在促进资源合理配置和丰富国内市场等方面成为影响废弃电子产品资源化的重要因素之一。

（6）其他因素

包括地区差异、资源因素、市场因素、期货因素、制度因素等。

综上所述，废弃电子产品资源化的技术经济评价的评价环境可以表示为：

$$E_{environment} = Environment\ (Politics,\ Technology,\ Economics,$$
$$Demand,\ Business,\ Others) \tag{6-3}$$

2. 指标体系

根据不同的模型拟定具体的指标体系。在对废弃电子产品资源化进行技术经济评价时，指标体系中一般包括：经济因素、法规因素（政府政策）、环境因素、社会责任（社会效益）、技术水平应用选择、不同的评价主体价值驱动因素等。

在本书中紧密结合指标选取的原则以及所应用相关模型的特点，参考前人研究成果以及本人调研获取的资料设计指标体系，使其满足科学研究中实证与规范相统一的原则和要求。

三 评价需求

1. 评价需求 E_{demand}

评价需求反映评价主体在一定条件下，对评价环境未来状态判定在心理上、主观上的需求，目的是为废弃电子产品资源化进行技术经济评价服务。评价需求分为两个部分：任

务需求、期望需求。形式化定义可表示为

$$E_{demand} = \{ MN , ER \} \qquad (6-4)$$

2. 任务需求

任务需求是对评价内容和目标的说明，即评价对象。表示

$$MN = P(Species , Regional , Time , Stage , Others) \qquad (6-5)$$

3. 期望需求 ER

评价模型评价阶段的任务是对评价模型的计量结构进行实证，形成最终的经验结构。包括评价模型检验、评价模型分析、评价模型求解三个内容，主要检验模型估计量的稳定性以及模型可否用于样本观测值以外的范围。

评价需求反映评价主体要求实现评价任务必须达到的一些要求或满足一些条件，即期望需求：

$$ER = P(Time , Error , Cost) \qquad (6-6)$$

技术经济评价原则考虑三方面，评价速度即完成评价任务所花费的时间不能超过规定的范围；评价质量反映评价主体对评价结果要求的准确程度；评价所花费成本是指收集信息等所要花费的费用。

评价需求可以用优化模型来表示：

$$\max \quad E_{demand}$$
$$\begin{cases} E[Time(P)] \leqslant \alpha \\ E[Error(P)] \leqslant \beta_{max} \\ \xi_{min} \leqslant E[Cost(P)] \leqslant \xi_{max} \end{cases} \qquad (6-7)$$

E (i) 表示评价主体对第 i 个指标的期望值，α，β_{max}，

ξ_{min}，ξ_{max}分别为不同的上下限。

四 评价模型

1. 评价模型形式化定义

废弃电子产品资源化的技术经济评价模型是评价问题的核心，能够对废弃电子产品资源化评价环境的各组成要素之间相互关系以及变化规律进行抽象表述。模型是能够接受一定的输入，并对输入信息进行分析处理，最后输出处理结果的结构（梁晓辉、李光明，2009；刘博洋，2007），即将模型划分为输入、输出和分析部分。在实际应用中，模型总是应用于特定的条件下，而且分析部分又可细分为结构与算法。实现评价环境状态的转移过程：

$$P_{Model} = Model(P_{input},\ P_{analyse},\ P_{output}) \qquad (6-8)$$

P_{input}表示模型所使用的调查前提与情况即评价指标体系的输入；$P_{analyse}$表示模型的分析$P_{input} \rightarrow P_{output}$的转移过程。

2. 评价模型构造

评价模型的构造过程主要分为3个阶段：概念设计（Conceptual Design）、建立模型（Model Development）、模型评价（Model Evaluation）（俞瑞钊，2000），如图6-2所示。

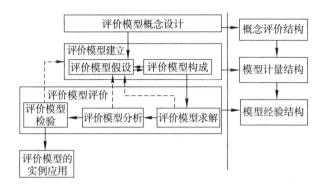

图 6 - 2　评价模型的构造过程

第一阶段是评价模型概念设计(Conceptual Design)。该阶段的任务是形成评价模型的形式化定义。主要是模型的结构形式化体系，根据相应的理论，了解实际背景，弄清评价对象的主要特征。

第二阶段是评价模型建立(Model Development)。该阶段的任务是对废弃电子产品资源化的评价环境进行分析。这个过程主要包括两个步骤：模型假设与模型构成。

模型假设是根据特征和建模目的，忽略次要因素，做出必要的假设；模型构成是使用数学语言构成模型，用符号描述对象的规律，得到数学结构形式，将其细化并具体实现。

第三阶段是评价模型评价(Model Evaluation)。该阶段的任务是对评价模型的计量结构进行实证，形成最终的经验结构。

该阶段主要任务是评价模型的有效性。分为三个步骤：评价模型求解、评价模型分析、评价模型检验。模型求解是使用计量经济学软件计算模型；模型分析是对模型求解结果进行数学分析和经济学分析；模型检验是对其稳定性等进行检验。

3. 评价模型选择

由于现实世界的复杂性，任何一种评价方法和评价模型都不能完全准确地评价出对象的发展变化情况（卢方元，2000）。所以选择一个适合研究内容的评价模型是极其重要的。一般来讲，对定性评价方法或定量评价方法的选择，根据掌握资料的情况而定。当掌握的资料不够完备、准确程度较低时，可采用定性评价方法。当掌握的资料比较齐全、准确程度较高时，可采用定量评价方法。

当仅要求掌握评价对象着重经济统计指标的时间序列资料、并只要求进行简单的动态分析时，可采用时间序列评价法、估计评价法。评价模型选择是根据评价需求、评价目的及评价信息的完备程度对评价结果的有效性、无偏性及评价模型的稳定性进行评价，以选取最优模型的过程。

$$E_{evaluation} = Appraisal(E_{Model} \mid E_{ER}, \ E_{indicator}) \qquad (6-9)$$

其中，$Appraisal$ 表示进行评价的评价方法。

4. 评价模型评价

目前评价模型评价主要有两种方法：一种是误差判定法，即把所估计出的模型用于样本以外某一时期的实际评价，并将这个评价与实际观察值进行比较，检验其差异的显著性；另一种是基于信息调整的判定方法，即利用扩大样本的办法重新估计模型参数，并与原参数估计值进行比较，检验其差异的显著性。

第四节　废弃电子产品资源化的技术经济评价程序

传统的技术经济评价的一般程序分为 7 个步骤（刘家顺等，2006），如图 6 - 3 所示。

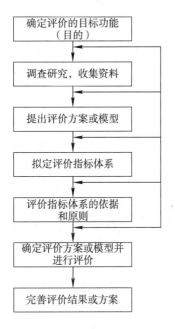

图 6 - 3　技术经济评价
研究的过程

一　确定技术经济评价的目标功能

确定技术经济评价的目标功能，也就是进行技术经济评价的目的。废弃电子产品的资源化作为经济、技术、环境和社会问题，已经广泛引起舆论界、理论界、政府部门以及有关企业的重视。对废弃电子产品资源化进行技术经济评价，可以帮助政府、企业和社会在对废弃电子产品资源化进程中的决策提供借鉴和依据，并且在对废弃电子产品资源化进行定量与定性研究中，分析废弃电子产品资源化的内部治理结构和外部宏观政策，为废弃电子产品资源化实施和发展的可行性奠定基础。

二 调查研究，收集资料

确定了技术经济评价目标功能之后，要对实现废弃电子产品资源化的技术经济评价的要求进行调查研究，总结前人的理论经验和成果，分析当前现状，为未来的发展做出预测和评价。

对废弃电子产品资源化而言，分析是否具有实现目标所需要的经济、技术、社会政策和信息等条件，收集相关资料是进行分析的基础，也是一个关键环节。在本研究中，通过问卷调查、实地访谈和文献分析获得资料，切实保证资料正确，是保证下一步分析研究质量的前提。

三 提出技术经济评价方案或模型

随着政府部门和企业不断关注废弃电子产品资源化发展，废弃电子产品资源化技术不断进步和政策环境不断变化，结合废弃电子产品资源化的特性，对其进行技术经济评价的方案或模型也有很多。寻找出适合进行技术经济评价的一种或几种方案或模型，实际上也是一种创新，根据目标功能的要求，本研究采用两种模型对废弃电子产品进行技术经济评价研究。

四　拟定技术经济评价指标体系

根据技术经济评价的目标和模型，拟定出科学合理的评价指标体系是研究的重要内容。由于模型中的指标和参数不同，很难比较和拟定，本研究在前人研究的基础上，结合模型特征，对指标和参数进行处理，使指标体系简洁、准确，并使其更加科学合理。

五　评价指标体系的依据和原则

在国家的政策法令与反映决策者意愿的前提下，结合评价对象和评价需求拟定和选取评价指标体系。

六　确定评价方案或模型并进行评价

在完成指标体系后，结合模型，运用获得的资料、数据和分析软件进行处理，开始进行技术经济评价。

七　完善评价结果或方案

通过修正评价方案或模型来完善评价结果或方案。通过参数检验和误差分析，不断修正评价方案模型或方案，使评价更接近实际情况，更能满足决策者的需求，以便做出科学合理的决策。

第五节　评价指标选取的原则

废弃电子产品资源化的技术经济评价的最终目标是监督、指导和推动废弃电子产品资源化行业的可持续发展。评价指标是任何评价的基础，也是评价结果准确合理的根本保证。评价指标体系不是一些指标的简单堆砌，而是以具有代表性和鲜明特征的评价指标为基础、以各个指标之间的关系为联系纽带，最终实现评价目的的各类指标有机结合而成的综合体。废弃电子产品资源化的技术经济评价指标体系的构建遵循以下原则。

一 理论性

理论性是经济评价指标体系建设的基本原则。指标体系的建设在充分结合现实情况的同时一定要有坚实的理论基础，需要充分借鉴国内外学者已有的相关指标体系研究成果。

二 可操作性

指标的研究和抽取，最终服务于建立指标体系，而指标体系的设计要尽量清晰明确，所选取的指标不管是定性评价指标还是定量评价指标，要有可操作性，便于数据采集。另外，所选取的指标要简化，即评价指标体系设计不能过于烦琐，在能基本保证评价结果的客观性、全面性的条件下，指标体系尽可能简化，针对评价目标选取对评价结果具有一定影响程度的关键性指标，减少或去掉一些对评价结果影响甚微的指标。此外，指标体系应是一个操作性强的方案，要尽可能利用现有统计数据指标，以达到动态可比，保证指标比较结果的合理性和客观性。

三 科学性原则

指标体系一定要建立在科学的基础上，指标的选择、指标权重的确定、数据的选取、计算与合成必须以公认的科学理论(如统计理论、经济理论、系统理论等) 为依据，以较少的综合性指标规范、准确地反映技术经济评价的基本内涵和要求。

四　独立性原则

在设计评价指标的时候，各指标间应该尽量避免明显的包含关系，对隐含的相关关系在处理上尽量将之弱化、消除，力求各指标的独立，尽量减少指标间的重叠。

五　系统性原则

指标设置要尽可能全面反映技术经济评价的特征，防止片面性，各指标之间要相互联系、相互配合，各有侧重，形成有机整体。即废弃电子产品资源化的技术经济评价体系必须能够全面地反映技术经济评价的各个方面，具备层次高、涵盖广、系统性强的特点。指标体系的建立必须能够全面地反映被评价对象的现状，能够从各个方面对被评价对象进行综合评价。

第六节　小结

本章阐述了废弃电子产品的概念以及废弃电子产品资源化现状，借鉴系统工程理论建立废弃电子产品资源化的技术经济评价的概念设计和概念模型，并完成形式化体系定义。

第七章
基于结构方程模型的技术经济
评价实例研究

第一节 结构方程模型概述

结构方程模型(Structural Equation Modeling, SEM), 也称协方差结构模型(Covariance Structure Model, CSM), 或线性结构模型(Linear Structural Relations Model, LSRM), 是 20 世纪 70 年代 Karl Joreskog 和 Dag Sorbom 等学者提出的基于变量的协方差矩阵来分析变量之间关系的一种多元统计方法。SEM 是一般线性模型的扩展, 主要用于研究不可直接测量变量(潜变量)与可测变量之间关系以及潜变量之间的关系。结构方程模型是验证性因子模型和因果模型的结合体, 所包含的因子模型部分称为测量模型, 其中的方程为测量方程, 描述了潜变量与指标之间的关系。结构方程模型包含的因果模型部分称为潜变量模型, 也称为结构模型, 其中的方程称为结构方程, 描述了潜变量之间的关系。

因此, 在结构方程模型中包含两种主要变量: 潜变量和显变量, 潜变量(Latent Variable)是指实际中无法直接测量

的变量，显变量（Manifest Variable）是指实际中能够直接观
察和测量的变量。一个潜变量往往对应着若干个显变量，潜
变量可以看作其对应显变量的抽象和概括，显变量可视为特
定潜变量的反应指标。潜变量又可分为外生潜变量和内生潜
变量，外生潜变量是那些只起自变量作用的潜变量，在模型
内不受其他潜变量的影响，内生潜变量指受到其他潜变量影
响的潜变量。很多研究的课题由研究单变量变成研究多变
量，由分析主效应到同时分析交互效应，由单指标和直接观
测变量进行研究到对多指标和潜变量进行研究（侯杰泰、温
忠麟和成子娟，2004）。

一　模型建构

模型建构包含潜变量的结构方程模型，包括测量模型、
结构模型和模型假设。

1. 测量模型

测量模型反映观测变量与外生潜在变量（指标）、内生观
测变量与内生潜在变量的关系。最一般的情形是因果模型中的
外生变量和内生变量都是潜变量，这时外生变量和内生变量都
有测量方程。因此，测量模型数学表现形式为：

$$Y = \Lambda_y \eta + \varepsilon \qquad (7-1)$$

$$X = \Lambda_x \xi + \delta \qquad (7-2)$$

其中式（7-1）是内生变量的测量方程，Y 是内生观测变
量，由问卷中的废弃电子产品资源化需要测量的变量及其具
体问题构成；η 为内生潜在变量，由内生观测变量因子分析
得出；Λ_y 是方程的系数矩阵，ε 是误差项。式（7-2）是外

生变量的测量方程，X 是外生观测变量，由问卷中相关的具体问题组成；ξ 为外生潜在变量，由外生观测变量因子分析得出的因子组成；Λ_x 是方程的系数矩阵，δ 是误差项。

2. 结构模型

结构模型描述了潜变量之间的关系。规定了所研究的评价体系中的假设的潜在外生变量和潜在内生变量之间的因果关系，其数学表现形式即结构方程为：

$$\eta = B\eta + \Gamma\xi + \zeta \qquad\qquad (7-3)$$

其中 η 是内生潜在变量，ξ 为外生潜在变量；B 是内生潜在变量 η 的系数矩阵，描述了 η 之间的相互影响，Γ 是外生潜在变量 ξ 的系数矩阵，描述了 ξ 对内生变量 η 的影响；ζ 是残差向量，是模型内未能解释的部分。

3. 模型假设

上述模型有以下一些假定：$E(\zeta)=0$，$E(\delta)=0$，$E(\varepsilon)=0$，$E(\eta)=0$；ξ 与 ζ 相互独立，δ 与 ε 相互独立，ε 与 η 相互独立，ζ、δ 及 ε 相互独立；B 在对角线上为 0，且 $(\Gamma-B)$ 为非奇异矩阵。

二 模型拟合

对一个新模型，无论是刚建构的模型还是修正的模型，都要设法求出模型的解，主要是对模型参数的估计。这个过程就称为模型拟合。在本研究中，采用最小二乘法拟合模型，相应的参数估计也称为最小二乘估计，在结构方程模型分析中的目标是求参数使得模型隐含的协方差矩阵与样本方差矩阵的"差距"最小。

三 模型评价

对一个新建构的模型或修正的模型评价时，需要检验以下内容：

(1) 结构方程的解是否适当，包括迭代估计是否收敛、各参数估计值是否在合理范围内。

(2) 参数与预设模型的关系是否合理。

(3) 检验多个不同类型的整体拟合指数，如 NNFI、CFI、RMSEA 和 X^2 等，以衡量模型的拟合程度（MacCallum et al.，2000）。在本研究中，主要包括 CMIN/DF、AGFI、CFI 和 RMSEA。

四 模型修正

依据理论或有关假设以及模型评价的结果（如修正指数、参数估计值与拟合指数等），检查潜变量与指标之间的关系，增删或重组指标，对测量模型与结构模型进行必要的修改，不断检查拟合参数的拟合指数，最终使其符合理论假设，在兼具准确性和简洁性的基础上尽可能地拟合数据。

基于结构方程模型的废弃电子产品资源化的技术经济评价过程如图 7-1 所示。本研究引入企业满意度这个概念。在废弃电子产品资源化时，企业满意度指的是废弃电子产品资源化企业对处理废弃电子产品带给它们的收益，以及它们对进行废弃电子产品资源化的期望与进行废弃电子产品资源化后相比较的匹配程度。简单地说，当进行废弃电子产品的实际收益超出（或者低于）投入时，就会有正的（或负的）差值，负差值表示废弃电子产品达不到预期效果，尚需改进和完善。

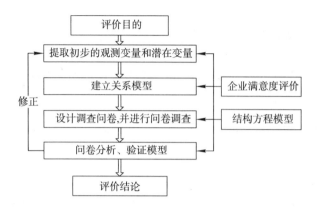

图7-1 基于结构方程模型的废弃电子产品资源化的技术经济评价过程

第二节 技术经济评价需求与变量选取

一 技术经济评价需求

通过上一节结构方程模型的概述，结合对废弃电子产品资源化自身的特性以及影响其因素具有多样性的特点，部分重要因素无法测量，因而增加了对废弃电子产品资源化进行技术经济评价的难度。利用带有潜变量的结构方程模型可以解决这些问题。带有潜变量的结构方程是一种通过对观测变量的测量数据进行分析，找到观测变量之间所隐藏的潜在变量以及各变量之间因果关系的系统性统计方法。利用结构方程模型能够发现影响废弃电子产品资源化的驱动因素，进而为其进行技术经济评价提供决策指导。

废弃电子产品资源化进行技术经济评价是对企业需求的满足、给社会和企业带来的效益及以企业满意度的视角对废弃电子产品资源化的技术经济评价的实现程度进行评价。即选取进行废弃电子产品资源化的相关企业、专家及管理工作者作为评价主体，以废弃电子产品资源化过程中直接影响企业满意度的关键驱动因素为主要评价内容，基于企业进行废弃电子产品资源化的实际情况对废弃电子产品资源化企业进行技术经济评价。

确定合理、全面的评价内容和指标是进行技术经济评价评价的基础，也是测评企业满意度的关键。从企业所在的行业领域出发和结合企业自身情况，企业满意度定位为五个方面：废弃电子产品资源化给企业带来的经济效益、环境生态效益、资源效益、采用的技术水平以及社会效益。对废弃电子产品资源化企业，由于在废弃电子产品资源化过程中，废弃电子产品资源化的技术水平与应用对一个企业影响是重大的，在对企业进行技术经济评价和满意度测评时，技术水平是重要的影响因素。

因此，在对废弃电子产品资源化进行技术经济评价时，在问卷的基础上，设计影响其他驱动因素（内生潜在变量），包括经济效益、环境和资源效益、社会效益、技术水平选择应用和企业满意度，围绕上述因素设计出可观测的变量，其中包括3个外生潜在变量（经济效益、环境和资源效益、社会效益）和2个潜在的内生变量（技术水平选择应用和企业满意度）。

基于结构方程模型的研究并根据废弃电子产品资源化行业的具体特点，同时借鉴成熟的 ESCI、ASCI 等模型构建了废弃电子产品资源化的技术经济评价影响因素结构方程模型，模型基于因果关系把各方面的影响因素联系起来。

二　技术经济评价的变量选取

在设计评价指标体系之前，首先与参与废弃电子产品资源化项目的企业、专家和相关管理工作者进行了座谈和深度访问，针对废弃电子产品资源化的技术经济评价初步确定了观测变量，并经过同行专家对变量进行了修改，在此基础上确定了具体问卷的设计，其中确定的结构方程模型中的潜变量和观测变量如表 7-1 所示。

表 7-1　废弃电子产品资源化的技术经济评价的
结构方程模型潜变量与观测变量

潜变量	观测变量
ξ_1 经济效益($x_1 \sim x_4$)	x_1 关注投资回收期、投入产出率
	x_2 关注不同种类的废弃电子产品资源化的收益
	x_3 关注净利润高低
	x_4 关注财务状况及财务评价
ξ_2 环境和资源效益($x_5 \sim x_{10}$)	x_5 保护环境，减少环境污染
	x_6 减少生态破坏，利于生态平衡
	x_7 防止污染，减少对人类健康的危害
	x_8 回收塑料、玻璃、金属等资源
	x_9 保护、节约资源
	x_{10} 合理利用资源
ξ_3 社会效益($x_{11} \sim x_{15}$)	x_{11} 创造就业岗位，提高就业率
	x_{12} 推动科学技术进步
	x_{13} 改善和提高人们生活环境水平
	x_{14} 为研究机构提供研究实践的平台
	x_{15} 提高行业综合效益，推动行业发展
η_1 技术水平选择应用(y_1)	y_1 不同的废弃电子产品资源化处理技术评价选择
η_2 企业满意度(y_2、y_3)	y_2 持续进行废弃电子产品资源化的意愿
	y_3 不断发展废弃电子产品资源化行业的决心

说明：各类指标(具体观测变量)的确定或划分仍然是人们正在研究和讨论的问题，目前尚无统一的结论。

将观测变量和外生潜在变量展开为调查问卷的问题。废弃电子产品资源化的技术经济评价调查问卷中用户满意度测评问卷中的问题是运用李克特态度量表来设计的，对指标进行量化，即分别对应 5 级态度"非常同意、同意、中立/无意见、不同意、极不同意"赋予"5，4，3，2，1"的值（或相反顺序），让调查对象根据实际情况打分。

第三节　技术经济评价的结构方程分析

经过对各因子进行验证性因子分析，同是考虑因果关系和关键概念（技术水平选择应用和企业满意度）的维度方面的因素，根据 ACSI 模型及潜在变量对应的观测变量，按照结构方程模型的路径图的符号规则，形成对废弃电子产品资源化的技术经济评价的因果关系路径图，如图 7 - 2 所示。

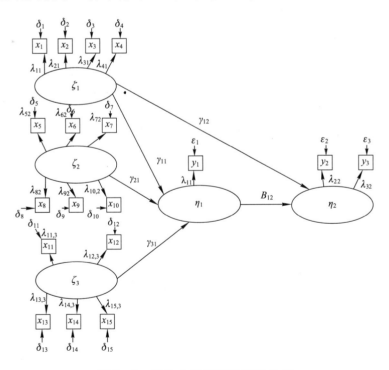

图 7 - 2　结构方程模型的路径分析

在图 7 - 2 中，方框中的变量为观测变量，椭圆中的变量是通过因子分析所形成的潜在变量，箭头上所标注的符合为影响系数。

从图 7 - 2 中可以看出三个潜在的外生变量：经济效益、环境和资源效益及社会效益，还包括两个潜在的内生变量：技术水平选择应用和企业满意度。三个潜在的外生变量会对技术水平选择应用产生影响，而技术水平选择应用和三个潜在的外生变量会对企业满意度产生影响。

根据式(7 - 1) 和图 7 - 2，有关的整个模型能够使用矩阵符号来描述。

$$
\begin{bmatrix} X_1 \\ X_2 \\ X_3 \\ X_4 \\ X_5 \\ X_6 \\ X_7 \\ X_8 \\ X_9 \\ X_{10} \\ X_{11} \\ X_{12} \\ X_{13} \\ X_{14} \\ X_{15} \end{bmatrix} = \begin{bmatrix} \lambda_{11} & 0 & 0 \\ \lambda_{21} & 0 & 0 \\ \lambda_{31} & 0 & 0 \\ \lambda_{41} & 0 & 0 \\ 0 & \lambda_{52} & 0 \\ 0 & \lambda_{62} & 0 \\ 0 & \lambda_{72} & 0 \\ 0 & \lambda_{82} & 0 \\ 0 & \lambda_{92} & 0 \\ 0 & \lambda_{10,2} & 0 \\ 0 & 0 & \lambda_{11,3} \\ 0 & 0 & \lambda_{12,3} \\ 0 & 0 & \lambda_{13,3} \\ 0 & 0 & \lambda_{14,3} \\ 0 & 0 & \lambda_{15,3} \end{bmatrix} \begin{bmatrix} \xi_1 \\ \xi_2 \\ \xi_3 \end{bmatrix} + \begin{bmatrix} \delta_1 \\ \delta_2 \\ \delta_3 \\ \delta_4 \\ \delta_5 \\ \delta_6 \\ \delta_7 \\ \delta_8 \\ \delta_9 \\ \delta_{10} \\ \delta_{11} \\ \delta_{12} \\ \delta_{13} \\ \delta_{14} \\ \delta_{15} \end{bmatrix}
$$

同样，模型中的内生变量一方也是由两个潜在变量组成，也可以用矩阵符号表示，结合图 7 - 2 和式(7 - 2) 可以得到：

$$\begin{bmatrix} y_1 \\ y_2 \\ y_3 \end{bmatrix} = \begin{bmatrix} \lambda_{11} & 0 \\ 0 & \lambda_{22} \\ 0 & \lambda_{32} \end{bmatrix} = \begin{pmatrix} \eta_1 \\ \eta_2 \end{pmatrix} + \begin{bmatrix} \varepsilon_1 \\ \varepsilon_2 \\ \varepsilon_3 \end{bmatrix}$$

测量模型描述了外生潜在变量经济效益、环境和资源效益及社会效益与其测量指标之间的关系，如经济效益与关注投资回收期、投入产出率等指标之间的关系，社会效益与创造就业岗位，提高就业率等指标的关系等。

以上是测量模型，接着根据验证性因子分析结果得到结构模型。在废弃电子产品资源化的技术经济评价体系中有 5 个潜在变量，其中三个是外生变量(经济效益、环境和资源效益及社会效益) 和两个内生变量(技术水平选择应用和企业满意度)。它们之间的关系结合式(7 - 3) 和图 7 - 2 可以表示为：

$$\begin{pmatrix} \eta_1 \\ \eta_2 \end{pmatrix} = \begin{pmatrix} 0 & 0 \\ B_{12} & 0 \end{pmatrix} \begin{pmatrix} \eta_1 \\ \eta_2 \end{pmatrix} + \begin{pmatrix} \gamma_{11} & \gamma_{21} & \gamma_{31} \\ \gamma_{12} & 0 & 0 \end{pmatrix} \begin{pmatrix} \xi_1 \\ \xi_2 \\ \xi_3 \end{pmatrix} + \begin{pmatrix} \zeta_1 \\ \zeta_2 \end{pmatrix}$$

至此，结构模型可以很清晰地描述外生潜在变量与内生潜在变量之间的关系，如经济效益对企业满意度的影响，以及技术水平选择应用对其他变量的影响等。然后就可以得到经济效益、环境和资源效益及社会效益三个因素对技术水平选择应用和企业满意度的影响程度，进而完成对废弃电子产品资源化的技术经济评价。

第四节 结构方程模型参数估计与检验

一 结构方程模型参数估计

本研究构建的结构方程模型中共有 18 个观测变量，5 个潜变量(其中 3 个外生潜变量，2 个内生潜变量)。最小样本数量为 18 + 18 + 5 + 3 + 2 = 46 个。

根据表 7 - 1 中的观测变量展开为调查问卷的问题，向废弃电子产品资源化处理企业和相关专家、管理工作者进行问卷调查。通过调查问卷搜集来确定有效的样本容量，问卷通过现场方式发放，共发出问卷 329 份，回收 275 份，其中有效问卷 250 份。由此，有效样本为 250 份，大于此最小样本需求数量 46 份。同时进行问卷的信度和效度检验(检验过程略)，经检验，本调查表具有较高的可信度，可进行结构方程模型的评价验证。

对通过问卷资料获得的数据，采用常用结构方程模型的软件 LISREL 以及 SPSS 数据分析软件可以得到相关系数以及结构方程模型中的具体路径系数，也就是结构方程模型中的相应参数的数值。

通过 SPSS 软件数据分析，拟合整个模型得到的相关系数如下：

$$\Sigma = \begin{bmatrix}
1 \\
.68 & 1 \\
.60 & .58 & 1 \\
.01 & .10 & .07 & 1 \\
.12 & .04 & .06 & .29 & 1 \\
.06 & .06 & .01 & .35 & .24 & 1 \\
.09 & .13 & .10 & .05 & .03 & .07 & 1 \\
.04 & .08 & .16 & .10 & .12 & .06 & .25 & 1 \\
.06 & .09 & .02 & .02 & .09 & .16 & .29 & .36 & 1 \\
.23 & .26 & .19 & .05 & .04 & .04 & .08 & .09 & .09 & 1 \\
.11 & .13 & .12 & .03 & .05 & .03 & .02 & .06 & .06 & .40 & 1 \\
.16 & .09 & .09 & .10 & .10 & .02 & .04 & .12 & .15 & .29 & .20 & 1 \\
.24 & .26 & .22 & .14 & .06 & .10 & .06 & .07 & .08 & .03 & .04 & .02 & 1 \\
.21 & .22 & .29 & .07 & .05 & .17 & .12 & .06 & .06 & .03 & .12 & .04 & .55 & 1 \\
.29 & .28 & .26 & .06 & .07 & .05 & .06 & .15 & .20 & .10 & .03 & .12 & .64 & .61 & 1 \\
.15 & .16 & .19 & .18 & .08 & .07 & .08 & .10 & .06 & .15 & .16 & .07 & .25 & .25 & .16 & 1 \\
.24 & .20 & .16 & .13 & .15 & .18 & .18 & .14 & .11 & .07 & .16 & .09 & .21 & .22 & .35 & 1 \\
.14 & .25 & .12 & .09 & .11 & .09 & .09 & .11 & .21 & .17 & .09 & .05 & .21 & .23 & .18 & .39 & .48 & 1
\end{bmatrix}$$

结构方程模型中的具体路径系数如图 7 - 3 所示。

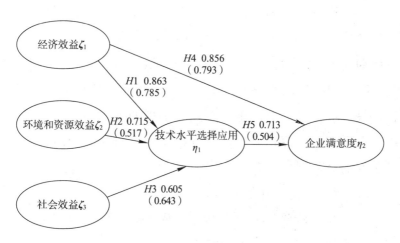

图 7 - 3　废弃电子产品资源化的技术经济评价路径系数

上述路径系数依据模型的评价结果（如参数估计值、拟合指数）进行过修正，使模型在符合理论假设的同时，更能准确、简洁地拟合数据。

二 结构方程模型的检验

1. 模型整体拟合度检验

其实际取值与评估标准比较如表7-2所示。

表7-2 整体模型拟合度评估标准及实际取值

分 类	绝对拟合度			简约拟合度		增值拟合度
评估指标	CMIN/DF	GFI	AGFI	RMSEA	PGFI	CFI
一般取值范围	<3	[0, 1]	[0, 1]	<0.10	[0, 1]	[0, 1]
最佳参考标准	<2	>0.9	>0.8	<0.08	>0.5	越接近1，拟合越好
实际取值	1.897	0.962	0.836	0.059	0.552	0.853

检验结果表明，废弃电子产品资源化的技术经济评价模型中评价影响企业满意度的驱动因素模型的拟合指数中，绝对拟合度中 $CMIN/DF = 1.897$，$GFI = 0.962$，$AGFI = 0.836$，$RMSEA = 0.059$，均满足最佳参考标准；简约拟合度 $PGFI = 0.552$，也在最佳参考标准范围内；增值拟合度 $CFI = 0.853$，符合最佳参考标准的范围。总之，采用的上述各个指标显示废弃电子产品资源化应用结构方程模型进行技术经济评价具有较好的对数据的拟合能力。

2. 测量模型的评估检验

测量模型检验模型反映因子（潜变量）与其观测变量之间的关系的数值检验，即测量方程中的系数。检验常用的两种重要的效度为收敛效度（Convergent Validity）及区别效度

（Discriminant Validity）。

测量模型验证性因子分析的结果见表7-3，各观测变量的标准化因子载荷值为0.418~0.779，说明各因子对测量模型具有很强的解释能力。用标准化因子载荷和各观测变量的测量误差方差对潜在变量的综合信度（CR）进行计算，结果在0.784和0.962之间，均大于0.7，反映了观测变量量表内部具有较好的一致性。测量模型的会聚效度可以从潜在变量的平均变异抽取量（Average Variance Extracted，AVE）来进行判断，表7-3中5个潜变量的平均变异抽取量为0.585~0.733，大于0.5的最低标准，因此测量模型的会聚效度较为理想。

表7-3 测量模型的检验结果

研究潜变量	观测变量	因子载荷值	测量误差值	CR	AVE
经济效益 （$x_1 \sim x_4$）	x_1	0.568	0.312	0.852	0.733
	x_2	0.779	0.220		
	x_3	0.692	0.415		
	x_4	0.591	0.328		
环境和资源效益 （$x_5 \sim x_{10}$）	x_5	0.573	0.169	0.962	0.652
	x_6	0.418	0.214		
	x_7	0.589	0.466		
	x_8	0.733	0.146		
	x_9	0.467	0.289		
	x_{10}	0.512	0.364		
社会效益 （$x_{11} \sim x_{15}$）	x_{11}	0.553	0.167	0.784	0.615
	x_{12}	0.475	0.198		
	x_{13}	0.642	0.214		
	x_{14}	0.673	0.288		
	x_{15}	0.575	0.371		

续表

研究潜变量	观测变量	因子载荷值	测量误差值	*CR*	*AVE*
技术水平选择应用 （y_1）	y_1	0.683	0.178	0.862	0.663
企业满意度 （y_2、y_3）	y_2	0.564	0.205	0.796	0.585
	y_3	0.741	0.311		

第五节　结构方程模型应用实例的结果分析

路径图 7-3 中的系数表明企业满意度受经济效益、环境和资源效益以及社会效益等诸多因素的影响。其中经济效益对技术水平选择应用影响最显著，直接效应达到 0.863，表明如果经济效益提高 1 点，技术水平选择应用指数提高 0.863。其次是环境和资源效益以及社会效益，每提高 1 点，对技术水平选择应用的效应值分别为 0.715 和 0.605。企业满意度受经济效益影响显著，其直接效应为 0.856，表明经济效益是影响企业满意度的重要因素。技术水平选择应用对企业满意度也有很强的正相关影响。

废弃电子产品资源化的技术经济评价的最终目标是监督、指导和推动废弃电子产品资源化行业的可持续发展。实施对废弃电子产品资源化进行技术经济评价是废弃电子产品资源化企业满意度测评的一个重要依据，同时对形成废弃电子产品资源化产业、使我国废弃电子产品资源化产业走上专业化和正规化的发展道路提供一些指导和参考。但结构方程模型应用在技术经济评价中并不多见。实际中，在变量的选取、指标确定以及检验模型是否合适及修正等方面还有待进一步研究。

结构方程模型应用于技术经济评价和企业满意度测评，解决了废弃电子产品资源化的技术经济评价的难题，并且是一种有效的方法。结构方程模型能够清晰地将废弃电子产品资源化的技术经济评价的驱动因素及其相互关系表现出来，通过结构方程模型中的路径系数可以有效地度量各驱动因素对企业满意度的影响程度，有利于分析影响废弃电子产品资源化的技术经济评价的前因后果，进而为废弃电子产品资源化处理企业的相关人员改善废弃电子产品资源化提供依据和改进方案。

但随着企业责任的提高、废弃电子产品资源化技术的不断进步，再加上政府部门对环境资源保护的不断关注，影响企业满意度的评价指标也在不断变化中，因此，在应用结构方程模型时，要不断改进和修正变量与指标、变量之间的关系，可以循序渐进地检查含有因子的模型，保证其合理性，然后做进一步的总体检查。

第六节　小结

本章详细介绍了结构方程模型以及应用结构方程模型进行了废弃电子产品资源化的技术经济评价及其技术经济评价的指标体系构建，并详细阐述了具体步骤及其结果分析。

第八章
基于 CIPP 评价模式的技术经济
评价实例研究

第一节　CIPP 评价模式概述

美国学者 Daniel Stufflebeam 1967 年在对泰勒行为目标模式反思的基础上，依据目标导向的概念，设计出了方案评估的 CIPP 评价模式。CIPP 评价模式由四项评价活动的首个字母组成：背景环境评价（Context Evaluation）、输入评价（Input Evaluation）、过程评价（Process Evaluation）、成果评价（Product Evaluation），简称 CIPP 评价模型。这四种评价为决策的不同方面提供信息，所以 CIPP 模型又称决策导向型评价模型。CIPP 评估模型为项目、工程、职员、产品、协会和系统等的评价提供了较全面的指导，尤其是那些准备长期开展并希望获得可持续性改进的项目。对废弃电子产品资源化进行技术经济评价采用 CIPP 评价模式，可以从不同角度为废弃电子产品资源化涉及的政府、企业、公众、管理者以及研究专家提供一些决策信息，能更好地为发展废弃电子产品资源化行业服务。

CIPP 四项评价活动概述如表 8 - 1 所示。

表 8 - 1　CIPP 四项评价活动概述

类型	背景环境评价	输入评价	过程评价	成果评价
目标	界定背景、确认对象及其需求的可能方式；诊断需求所显示的困难以及判断目标是否能满足已知的需求	对系统的各种能力、多种可替代的方案，实施策略的设计、预算与进度的评价和确认	确认或预测程序设计或实施上的缺点；记录及判断程序上的各种事件及活动	搜集对结果的描述及判断；将其与目标以及背景、输入及过程的信息相互联系；解释其价值及意义
方法	使用文献探究、访谈、调查、系统分析	将现有的人力及物质资源、解决策略及程序设计列出清单，并分析其适合、有效及经济的程度；利用文献探究、查看类似方案等方法	追踪活动中可能发生的障碍，并对非预期的障碍保持警觉，描述真正的过程；与方案执行人员不断交往，并观察他们的活动	细化可操作性的结果标准，并加以测量；搜集与方案有关的各类人员对结果的判断；从质和量两个角度分析
在进展中与决策的关系	用于决策方案实施的场所、目标与方针，提供评价的基础	用于选择支持的来源、解决策略以及程序设计，提供评价方案实施状况的基础	用于实施并改善方案的设计及程序；提供一份真正过程的记录，以便日后用以解释结果	用于决定继续、中止、修正某项变革活动，或调整其重点；呈现一份清楚的效果记录（包括正面与负面、预期与非预期的效果）

结合废弃电子产品资源化实施和运作的实际情况，以研究专家作为废弃电子产品资源化的技术经济评价的评价主体，并用专家的视角评价废弃电子产品资源化的整体情况，对关键评价指标内容进行分析。

一　背景环境评价（Context Evaluation）

对于废弃电子产品资源化的技术经济评价来说，背景环境评价是确定废弃电子产品资源化的技术经济评价的需求以及设定评价的目标。具体包括了解相关环境，分析评价需求，评价废弃电子产品资源化的问题、资源和机会，以便帮助决策者判断目标、优先次序与结果。

针对废弃电子产品资源化的背景环境分析的意义是，在国家有关政策方针的指导下，从政治、经济、社会、技术、环境和科技等内外部影响因素分析判断废弃电子产品资源化的宏观环境、市场需求，以及行业面临的优势和挑战，确认废弃电子产品资源化的必要性，为制定具有长远发展目标的废弃电子产品资源化行业的发展战略奠定基础。

PEST 分析是指宏观环境的分析，宏观环境又称一般环境，是指影响一切行业和企业的各种宏观因素，一般都要对政治（Politics）、经济（Economics）、社会（Social）和技术（Technology）这四大类影响企业的主要外部环境因素进行分析。对废弃电子产品资源化的技术经济评价也是如此。

SWOT 分析方法是一种企业内部分析方法，即根据企业自身的既定内在条件进行分析，找出企业的优势、劣势及核心竞争力之所在。其中，S 代表优势（Strength），W 代表弱势（Weakness），O 代表机会（Opportunity），T 代表威胁（Threat），其中，S、W 是内部因素，O、T 是外部因素。

综合考虑以上内容，对废弃电子产品资源化的技术经济评价的背景环境因素归纳为：废弃电子产品资源化的指导思想、废弃电子产品资源化行业的自身发展、存在的机遇和挑战以及生态环境保护的需求等。

二 输入或投入评价（Input Evaluation）

输入评价是在背景环境评价的基础上，对达到目标所需的条件、资源以及各备选方案的相对优点所做的评价，其实质是对废弃电子产品资源化的可行性和投入情况进行评价。

输入评价中包含的内容是废弃电子产品资源化投入的资源和要素，它们决定了废弃电子产品资源化进行的可能性，是进行废弃电子产品资源化的前提。在废弃电子产品资源化实施之前要进行详细的可行性分析，在资金支持、基础设施投入、技术支持投入和有关服务配套投入、保障措施等方面予以充分的调研论证。

分析废弃电子产品资源化对象特征，围绕废弃电子产品资源化目的、废弃电子产品资源化内容以及具体的资源化途径，从资金支持、基础设施支持、组织管理机构情况资源化技术支持等方面进行评价。①资金支持方面。考虑项目资金投入是否合理、有保障。资金包含废弃电子产品资源化前期科研咨询、可行性论证、基础设施利用和建设费用；废弃电子产品资源化技术平台建设费用、废弃电子产品资源化技术研发费用、劳动力投入费用、回收废弃电子产品资金成本，以及日常的维护费用等。专家在评价资金投入时需要根据资金投入是否合理、有保障、投资主体多元化、资金规模、预算均衡分配、是否拥有后期常态稳定的维护资金等标准进行评价判断。②基础设施支持方面。基础设施包括厂房、大型废弃电子产品资源化处理设备、物流运输措施、回收站点建设、拆解回收处理平台、有毒有害物质处理平台等。分别从回收废弃电子产品站点建设情况、物流运输的便捷、废弃电子产品资源化处理设备的先进性，以及各站点硬件设备充足、故障率低、使用良好，场地宽敞能够满足项目计划要求等方面进行评价。③组织管理机构情况。包括组织管理机构、各部门职能明确，人员配置合理（管理人员、技术人员、一线人员等）、专人专职，各部门人员的素质规范和技能等。最后，结合运行机制以及有关各类管理制度的建设情况等进行具体评价。④资源化技术支持。主要是实现废弃电子产品资源化的科学技术，这些技术是不是能够满足当前处理废弃电子产品的需求，是不是具有可行性和广泛使用性等角度进行评价。

我国废弃电子产品资源化产业已经拥有强大的基础并具有国际比较优势，废弃电子产品资源化中的废弃电子产品回收、拆解、分选等工序均是劳动密集型的行业，符合我国目前阶段的国情。我国已逐步建立了相当完善的法规体系、监管体系、信息网络平台，提高了管理水平。

我国目前需构建完善的废弃电子产品回收处理体系：一是建立回收体系；二是实施生产者延伸责任制，保障回收体系的有效运行。

建立回收体系是为了保证废弃电子产品的回收数量。通过调查了解和文献分析，在北京废弃电子产品目前的回收形式主要有以下几种：一是个体游动回收商贩直接上门收购。这种回收形式在我国目前废弃电子产品回收总量中占有很大的份额。二是销售商开展以旧换新活动。"以旧换新"政策是 2009 年 5 月，在国务院领导推动下，相关部门共同研究推出的一项政策。三是国营社区回收站收购。供销社、物资回收公司诞生于 20 世纪 50 年代，是集回收、加工、科研、管理为一体的行业体系，是我国最早开展废弃物资回收的部门，在计划经济时代一直担负着废弃电子产品回收再利用的任务。四是旧货市场收购。此外，还有环保组织回收、搬家服务公司收购、单位捐赠等方式。

根据废弃电子产品资源化的特点，对废弃电子产品资源化技术水平的评价要从技术的可行性、可靠性、先进性等方面进行综合评价。技术的先进性需要从学术理论研究水平、技术研发能力、技术更新效率、后续技术服务以及科学进步意义等方面进行评价。技术的可行性要从使用该技术带来的效益－成本分析，尤其是废弃电子产品资源化采用此技术后带来的经济效益、社会效益以及环境效益远远超过投入的成本或者其他技术带来的效益。

三　过程评价（Process Evaluation）

针对废弃电子产品资源化，用于评价上述输入条件的执行情况，以帮助相关机构如企业、研究者等对废弃电子产品资源化投入与产出做出判断和比较，以便废弃电子产品资源化后续发展以及进行改进与完善。

在对废弃电子产品资源化过程评价中，本研究主要评价废弃电子产品的回收情况、资源（资金、设备、设施等）利用情况、资源化技术水平应用情况、质量控制评价以及对废弃电子产品资源化整个进程的管理状况。

废弃电子产品的回收率是一个重要指标。回收率高，表明从废弃电子产品中提取的有用资源多。很多国家已经把废弃电子产品的科学回收作为节约资源的一项重要举措。

项目管理评价部分主要把废弃电子产品资源化作为一个项目进行评价，包含废弃电子产品资源化项目站点管理（包含站点设置的安排和场所的提供等）、废弃电子产品回收量估计与管理、对公众宣传环保意识、项目计划安排、系统管理以及质量控制等。其中系统管理的评价围绕废弃电子产品资源化是否安全稳定，尤其是后续环节对环境、人类健康是否有安全隐患等进行。本研究中提到的质量控制评价，范围仅局限于评价管理机构是否采用了一定的质量管理方法，以及实施了一定的质量控制措施。

四 成果评价（Product Evaluation）

对于废弃电子产品资源化的成果评价主要评价废弃电子产品经过资源化处理之后是否达到预期目标，其中包括废弃电子产品资源化带来的直接经济价值、社会价值、环境价值以及资源如金属、玻璃、塑料等得以循环。此外还包括对废弃电子产品资源化带来的意义进行评价，包括废弃电子产品资源化能形成新兴产业，优化传统产业，促进产业结构调整；能够减少废弃物对环境的污染，有利于保护环境，维护人类的身体健康；同时创造劳动就业机会，缓解就业压力；提高资源利用率。

具体来说，对废弃电子产品资源化成果评价进行效益分析。效益分析主要是分析废弃电子产品资源化带来的经济价值、社会价值以及环境价值。

废弃电子产品资源化利用产生的直接经济价值，为利用废弃电子产品所生产产品的销售收入和废弃电子产品收集、运输、处理、二次污染控制等过程成本之差。直接产生的经济价值 V_1 为：

$$V_1 = T_1 - T_2 - T_3 - T_4 - T_5 - T_6 - T_7$$

式中：T_1 为资源化产品销售收益；T_2 为废弃物收集成

本；T_3 为废弃物运输成本；T_4 为从原料到产品的生产成本；T_5 为生产过程中劳动保护费用；T_6 为控制生产过程产生二次污染的成本；T_7 为税收，包括营业税、增值税、土地使用税、教育费附加以及地方规定的特定税（王一宁，2007）。

社会价值指的是废弃电子产品资源化对社会发展影响的度量。废弃电子产品资源化带来的社会价值包括减少或避免对废弃物进行环境无害化处理处置的投入，以及节约资源的价值。

环境价值指人类的各种活动（包括生产、生活）都会对环境产生影响，其结果引起环境质量变化。我们把人类活动引起环境质量的变化称为环境效益。废弃电子产品资源化带来的环境价值用因废弃电子产品处置后减少的健康风险相应地减少的经济损失来衡量。

因此，综合利用 CIPP 模型思想，从背景环境分析、废弃电子产品资源化的投入分析、废弃电子产品资源化的过程分析和废弃电子产品资源化成果分析四个维度分析构建废弃电子产品资源化的技术经济评价指标体系。基于 CIPP 评价模式的废弃电子产品资源化的技术经济评价的应用过程如图 8 - 1 所示。

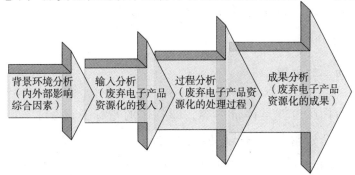

图 8 - 1　CIPP 评价模式在废弃电子产品资源化的
技术经济评价中的应用

第二节 CIPP 评价模式的技术经济评价体系

由此，本研究整理出 CIPP 评价模式与进行废弃电子产品资源化的技术经济评价的指标体系。

一 目标层

目标层就是核心价值层，设 U = E – waste 资源化的技术经济评价体系。

二 准则层

准则层即评价的焦点，设 A1 = E – waste 资源化的整体目标，A2 = E – waste 资源化的投入，A3 = E – waste 资源化的实施过程，A4 = E – waste 资源化的成果。

三 要素层

要素层，设 a 背景环境评价，b 输入评价，c 过程评价，d 成果评价。

四 指标层

指标层也就是评价内容，即具体的指标，设 a11 = 废弃电子产品资源化的指导思想，a12 = 生态环境保护的需求，a13 = 废弃电子产品资源化行业的自身发展，a14 = 存在的机遇和挑战；b21 = 资金支持，b22 = 基础设施支持，b23 = 组织管理机构情况，b24 = 资源化技术支持；c31 = 废弃电子产品回收情况，$c32$ = 资源（资金、设备、设施等）利用情况，$c33$ = 技术水平应用情况，$c34$ = 废弃电子产品资源化整个进程管理状况，$c35$ = 质量控制评价；$d41$ = 废弃电子产品资源化带来的经济价值，$d42$ = 废弃电子产品资源化带来的社会价值，$d43$ = 废弃电子产品资源化带来的生态环境价值。

因此，根据上述四个层次，依据代表性、可比性、层次性、可操作性等准则，构建出来的废弃电子产品资源化的技术经济评价体系如图 8 - 2 所示。

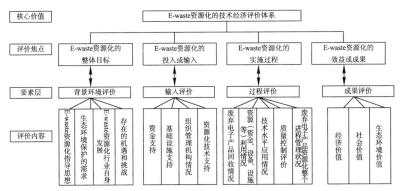

图 8 - 2　CIPP 评价模式评价体系结构

第三节　基于 CIPP 评价模式的评价模型构建

一　构造判断矩阵

评价指标框架建立后，由选定的专家对同一层次的目标进行两两比较，对重要度采用美国运筹学家 A. L. Saaty 教授提出的 1~9 标度法对不同的评价指标进行两两比较并赋值，如果是多位专家共同评估，采用每个对应的值取几何平均分来代替，由此构造判断矩阵。1~9 标度法及其内容如表 8 - 2

所示。如准则层 A 相对于目标层 U 建立判断矩阵 $A = (a_{ij})$，其中 a_{ij} 是层次 A 第 i 个因素与第 j 个因素相对于上一层次的相对重要性比例标度。同理可以建立要素层 B 相对于准则层 A 的判断矩阵 $B = (b_{ij})$，指标层 C 相对于要素层 B 的判断矩阵 $C = (c_{ij})$。全部结果用正互交矩阵表示：$A = (a_{ij})_{m \times n}$，其中，$a_{ij} > 0$，$a_{ij} = \dfrac{1}{a_{ji}}$。

表 8 – 2　重要性标度含义

标度	含义
1	表示两个元素相比，具有同等重要性
3	表示两个元素相比，前者比后者稍微重要
5	表示两个元素相比，前者比后者明显重要
7	表示两个元素相比，前者比后者强烈重要
9	表示两个元素相比，前者比后者极端重要
2，4，6，8	表示上述判断的中间值
倒数	若因素 i 与因素 j 的重要性相比为 a_{ij}，那么因素 j 与因素 i 重要性之比为 $a_{ij} = 1/a_{ji}$。

二　对判断矩阵进行归一化处理，求得单层次权重系数

用对应于矩阵 A 唯一非零最大特征根 λ_{max} 的特征向量进行归一化为权向量 W，也即 $AW = \lambda W$。$W = (\omega_1，\omega_2，\cdots，\omega_n)$，该特征向量经归一化处理后是唯一的。

常用的计算特征向量的近似方法有求和法和平方根法等，本书采用判断矩阵首行求和并归一化的近似方法来求解矩阵的特征向量 W。同理可以通过准则层判断矩阵 $A = (a_{ij})$ 求得要素层 B、指标层 C 的特征向量。

$$V_i = \sum_{i=1}^{n} \frac{a_{ij}}{\sum_{k=1}^{n} a_{kj}}, \quad w_i = V_i \bigg/ \sum_{i=1}^{n} v_i, \quad \lambda_{\max} = \frac{1}{n} \sum_{i=1}^{n} \frac{(AW)_j}{w_i},$$

$$i = 1, 2, \cdots, n$$

三　用随机一致性比值进行内部一致性检验

给出了一个用来标定一致性的特殊量 $CI = \dfrac{\lambda_{\max} - n}{n-1}$，当 $CI = 0$ 时成对比较矩阵为一致矩阵；CI 值越大其不一致程度就越严重。为了进一步确定其容许范围，引入了所谓平均一致性指标 RI（见表 8 – 3），当 $CR = \dfrac{CI}{RI} < 0.10$ 时，认为判断矩阵的一致性是可以接受的，否则应对判断矩阵做适当修正。

表 8 – 3　平均随机一致性指标 RI 的经验值

阶数 n	1	2	3	4	5	6	7	8	9
RI	0	0	0.58	0.9	1.12	1.24	1.32	1.41	1.45

四　构造模糊评价矩阵

根据图 8 – 2 以及体系内涵，利用 AHP 分析得出的各层次权重为：

准则层：

$$W_Y = (W_{A1}, W_{A2}, W_{A3}, W_{A4})$$

要素层：

$$W_{A1} = (W_{a11}, W_{a12}, W_{a13}, W_{a14}) 、 W_{A2} = (W_{b21}, W_{b22}, W_{b23}, W_{b24}) 、$$

$$W_{A3} = (W_{c31}, W_{c32}, W_{c33}, W_{c34}) 、 W_{A4} = (W_{d41}, W_{d42}, W_{d43})$$

根据上述建立的废弃电子产品资源化评价指标体系，这里用二级模糊综合评价方法进行评价。

二次模糊综合评价分析：

一层因素集：

$$U_{A1} = \{ U_{a11}, \ U_{a12}, \ U_{a13}, \ U_{a14} \}, \ U_{A2} = \{ U_{b21}, \ U_{b22}, \ U_{b23}, \ U_{b24} \},$$
$$U_{A3} = \{ U_{c31}, \ U_{c32}, \ U_{c33}, \ U_{c34} \}, \ U_{A4} = \{ U_{d41}, \ U_{d42}, \ U_{d43} \}$$

二层因素集：

$$U_Y = \{ U_{A1}, \ U_{A2}, \ U_{A3}, \ U_{A4} \}$$

进一步按照模糊数学方法由专家采用 5 级划分法对指标层进行综合评定，获得各个评价指标相对于每个要素层的模糊语言评价，形成评语集：

$$V = \{ v_1, \ v_2, \ v_3, \ v_4, \ v_5 \}$$
$$= \{ 很不满意, 不满意, 一般, 满意, 很满意 \}$$
$$= \{ 1 \sim 2, \ 3 \sim 4, \ 5 \sim 6, \ 7 \sim 8, \ 9 \sim 10 \}$$

在构造了评语集后，要逐个对 U 中每一因素根据评价等级集中的等级指标进行隶属程度量化，对每一个被评价的因素建立一个从 U 到 V 的模糊关系 R，R 是各项指标经过正则化处理作为各评价指标在各评语集上的隶属度，由此构造单因素评价矩阵：

$$R = \begin{bmatrix} r_{11}, \ r_{12}, \ \cdots, \ r_{1m} \\ r_{21}, \ r_{22}, \ \cdots, \ r_{2m} \\ r_{n1}, \ r_{n2}, \ \cdots, \ r_{nm} \end{bmatrix} = [r_{ij}]_{n \times m}, \ 且 \ r_{ij} \in [0, 1]$$

其中，r_{ij} 表示当前层级评价指标 V_{ki} 关于第 j 个要素评语的隶属程度。

由 (U, V, R) 三元体构成了模糊评价模型。输入上述权系数分配向量 W，则可得到一个评价结果 $B_i = W_i \cdot R_i$；依据最大隶属度原则，在评价向量中取最大值为评价等级。同时，通过对模糊矩阵的分析，可以得知基于 CIPP 评价模式的废弃电子产品资源化的技术经济评价各方面的情况，由此提出合理化建议。

五　模糊综合评价分析

在上述构建模糊评价模型的基础上，进行分级评价。

1. 第一级模糊综合评价

（1）背景环境分析评价

根据实际调查情况，确定权重为 W_{A1}，进行模糊层次综合评价为 $B_{A1} = W_{A1} \cdot R_{A1}$。

（2）输入分析评价

确定权重向量矩阵为 W_{A2}，进行模糊层次综合评价为 $B_{A2} = W_{A2} \cdot R_{A2}$。

（3）过程分析评价

权重向量矩阵为 W_{A3}，模糊层次综合评价为 $B_{A3} = W_{A3} \cdot R_{A3}$。

（4）成果分析评价

权重向量矩阵为 W_{A4}，模糊层次综合评价为 $B_{A4} = W_{A4} \cdot R_{A4}$。

2. 二级模糊综合评价

在单因素综合评价的基础上，进行二级模糊综合评价，对一级评价获得的评价向量 B_{Ai} 进行评价，获得二级评价矩阵：

$$R_A = \begin{bmatrix} B_{A1} \\ B_{A2} \\ B_{A3} \\ B_{A4} \end{bmatrix}$$

输入权向量 W_A，归一化，得到最终评价结果 $Y = W_A \cdot R_A$。再根据最大隶属度原则得出结论。一般评价值越大表明评价结论越好。

六　实例验证

在网上发放近 400 份问卷，具体问卷见附录 B，回收 250 份有效调查问卷，根据上述步骤并用 Matlab 计算得到评价结果是：

$$Y = W_A \cdot R_A = (1.6973, 9.1652, 58.8662, 23.6901, 7.7981)$$

根据最大隶属度原则，基于 CIPP 评价模式下对废弃电子产品资源化技术经济评价中，我们得到的结果是一般满意，也就是说当前从废弃电子产品资源化的背景环境分析、投入分析、过程分析和成果分析四个维度分析，我国废弃电子产品资源化状况是一般满意。

第四节　基于 CIPP 评价模式的结果分析

在应用模糊综合评价模型和层次分析法进行建模与评价时需要注意以下两点：第一，各个评价指标的权重分配对评价的结果会产生重要影响，因此在利用层次分析法求解各指标权重的过程中，专家咨询这一环节一定要慎重。要从知识和职业结构、业务素质、社会责任心等几方面出发，选择适当的评价专家群。第二，模糊综合评价中，隶属函数的确立是解决实际问题中不确定性和模糊性的关键所在，因此必须紧密结合废弃电子产品资源化的技术经济评价的客观实际情况。

本书所建立的废弃电子产品资源化的技术经济评价的CIPP 评价模型由于时间和精力有限，实例验证难免有些不足。但构成模型的核心理论基础和主要方法技术在相关领域已经得到了广泛的应用，并且从逐步的逻辑演绎推理方面来看具有可行性，但其具体应用需要进行大量问卷调查，扩大覆盖面，获取全面信息。

此外这种评价方法以及指标体系在一定程度上依赖经验和以往的研究情况，与实际难免有出入，评价指标体系中的评价因子应该越多越细越好，这样得到的结果精度会更高。因此在 CIPP 评价模式下对废弃电子产品资源化进行技术经济评价还需要结合环境、资源、能源、经济等方面因素进一步论证和完善。

第五节　小结

本章首先概述了 CIPP 评价模型，然后应用 CIPP 评价模型构建废弃电子产品资源化的技术经济评价模型以及其技术经济评价的指标体系，详细阐述了运用的具体步骤并进行了实例验证。

第三篇
废弃电子产品中有毒有害物质评价

第九章
废弃电子产品有毒有害物质
评价指标体系

进行废弃电子产品有毒有害物质评价的前提是建立评价指标体系，本章根据本书研究目标和研究内容，对废弃电子产品有毒有害物质评价的需求主体和影响因素进行详细分析，进而建立评价指标体系，确定评价方法。

第一节　废弃电子产品有毒有害物质评价的需求主体

对废弃电子产品有毒有害物质评价是为了满足一定的需要，需求主体首先应该同电子产品有毒有害物质的含量有直接的联系，限制含量是否超标将直接影响到需求主体的整体利益、行动和愿望。根据利益相关理论，得出如下电子产品有毒有害物质评价需求主体，如图 9 - 1 所示。

一　政府

政府可以通过评价结果对生产企业及时进行监控，起到预防作用。

二　消费者

消费者可以及时了解到将会受到的危害、影响，提高自我保护意识。

三　生产企业

生产企业可以及时进行调整，使产品符合国际国内市场要求，保护企业的正常利益。

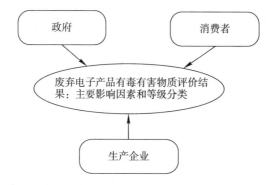

图 9－1　废弃电子产品有毒有害物质评价需求主体

第二节　废弃电子产品有毒有害物质影响因素

本书通过综合目前在废弃电子产品中广泛存在、危害较大并且引起国际上关注并普遍予以限制使用的有毒有害物质，提出电子产品有毒有害物质的影响因素有铅、汞、镉、六价铬、多溴联苯（PBB）、多溴二苯醚（PBDE），即限制使用的 6 种有毒有害物质。

电子产品中使用的材料不仅包括铜、铁、铝、锌等金属以及聚合物(塑料、树脂)、橡胶、玻璃、陶瓷等非金属，同时由于某些产品的功能要求，在产品和产品的生产工艺中还大量使用了铅、汞、金、银、镉和铬等重金属。这些材料中可能含有各种有毒有害物质，这些物质有的是从原材料中带来的，有的是为了实现产品的某种特殊应用而人为地加进去的。但不管因为什么目的、通过什么途径而添加，这些有害物质不仅在生产过程中通过向空气、水、土壤等环境排放而危害生产人员的人身健康和导致环境污染，而且在使用完成或达到使用寿命被废弃后通过向空气、水、土壤渗透而污染环境，从而危害人体健康和生态平衡。

一　铅

铅是一种有害的重金属元素，对人类身体没有任何好处，也是人体唯一不需要的微量元素。铅及其盐类在工业上应用非常广泛，全世界每年生产超过三百五十万吨的铅，使铅成为现存环境中最大量的有毒重金属。铅主要通过食物、水和空气进入人体内。铅对全身各系统和器官均有毒性作用。其基本病理过程涉及神经系统、造血系统、泌尿系统、心血管系统、生殖系统、骨骼系统、内分泌系统、免疫系统、酶系统等多个方面。儿童、妊娠妇女和老年人是最易感的基本人群。

二　汞

汞是一种剧毒元素，在工业中应用很广，主要用于化工、冶金、电子、轻工、医药、医疗器械等多种行业。氯碱工业、电气设备工业和油漆工业都是汞的最大消耗者，大约占总消耗量的 55%。汞的用途在 3000 种以上，这是环境中汞的间接和直接人为来源，每年由于人类活动排放的汞至少在 5000 吨以上。除金属汞和无机汞化合物外，最引人注目的是有机汞，尤其是烷基汞。环境中的微生物特别是污泥中的某些微生物群可以使毒性低的无机汞转变成毒性高的甲基汞，最近也发现环境中的无机汞可以通过化学作用形成甲基汞。

三　镉

在所有的金属元素中，镉是对人体健康威害最大的有害元素之一。镉在正常环境条件下很难分解，因此会停留很长的时间，并最终经动、植物吸收而转移至生物体内。依据国际癌症研究机构的研究报告，2000 年镉被列为人类致癌物质。至目前为止，镉中毒没有解毒剂，因此要严防镉中毒事件发生。所以大部分发达国家已设定镉的职业曝露标准，在大气中 $2mg/m^3$ 到 $50mg/m^3$ 之间，可以保护人体具有 40 到 45 年的正常工作寿命。镉化合物由于色泽鲜艳、着色力强、稳定性和耐久性好，被广泛用于玻璃、陶瓷和塑料等制品的染色。镉还用于钢件镀层防腐，但因其毒性大，这种应用有减缩趋势。

四　六价铬

饮用被含铬工业废水污染的水，可致腹部不适及腹泻等中毒症状；铬为皮肤变态反应原，可引起过敏性皮炎或湿疹，湿疹的特征多呈小块，钱币状，以亚急表现为主，呈红斑、浸润、渗出、脱屑现象，病程长，久而不愈；由呼吸系统进入时，对呼吸道有刺激和腐蚀作用，易引起鼻炎、咽炎、支气管炎，严重时使鼻中隔糜烂，甚至穿孔。此外，铬还是致癌因素的一种。目前，铬在电镀工业中用量最多（占铬用量的 43.2%）。另外还应用于颜料和染料、鞣制皮革、铝材及其他金属表面处理等方面。

五　PBB 和 PBDE

当废弃电子产品中的塑料在未受控制的热制程中（指温度低于 12000℃），其中的 PBB 和 PBDE 燃烧可能形成二噁英或呋喃（PBDD/F）。此二者均属于致癌性及致畸胎性物质，可能造成严重且影响范围广泛的空气污染。PBB 和 PBDE 主要作为阻燃剂应用。特别是 PBDE，其阻燃效果特别好，应用广泛，常用在各种聚合物（如橡胶、塑料）、印刷电路板以及连接器之类的电子组件、塑料封套中，以防止起火燃烧。由于 PBB 目前基本不再使用，所以只有在回收的塑料和橡胶中才可能有。冰箱中用于耐温部位的橡胶和塑料中基本上都在不同程度上含有一定量的 PBDE。

第三节　评价指标体系的建立原则

为使所选取的指标能够全面、客观、真实地反映废弃电子产品有毒有害物质评价的情况，在建立评价指标体系时应遵循以下原则。

一　目的明确性原则

所选用的指标目的很明确。从评价的内容来看，该指标确实能反映有关的内容，不能将与评价对象、评价内容无关的指标选择出来。

二　完整客观性原则

由于废弃电子产品有毒有害物质涉及的因素很多，因此要尽可能地建立完备的评价体系，特别是对于废弃电子产品有毒有害物质的一些主要因素既不要遗漏又不要重复，保证对废弃电子产品有毒有害物质进行全面综合的评价，使得评价结果具有较好的合理性和客观性。

三　简明科学性原则

评价指标体系的大小也必须适宜，即指标体系应有一定的科学性。如果指标体系过大、层次过多、指标过细、势必将评价者的注意力吸引到细小的问题上；而指标体系过小、指标层次过少、指标过粗，又不能充分反映废弃电子产品有毒有害物质的水平。

四　灵活可操作性原则

评价指标体系应具有足够的灵活性，以使能根据废弃电子产品有毒有害物质的不同之处以及实际情况灵活运用指标。

五　方向性原则

评价废弃电子产品指标对评价对象应具有指引、导向的作用，即评价的指标体系，特别是其中多项指标权重的确定，应具有较强的导向作用。

六　定性指标和定量指标结合性原则

评价废弃电子产品有毒有害物质时有许多因素无法直接用定量指标描述，因此选用定性和定量相结合的方法来建立废弃电子产品有毒有害物质的评价体系是非常必要的。

七　静态与动态相结合的原则

既要立足于被评价对象的现有状态（已达到的水平或具备的条件），又要充分考虑其过去和未来的发展。

第四节　评价指标体系的功能

在分析指标体系的功能之前，首先需要区分评价指标的功能、评价结果的功能和评价效果。评价结果的功能是根据评价指标体系、利用一定的方法和模型计算出的最终结果。评价指标的功能最终体现在评价结果的功能上，在分析问题的时候，往往是根据评价结果解释评价指标。评价效果是评价结果解释评价指标的程度，还涉及反馈等问题。因此，评价指标的功能和评价结果的功能有着内在的统一性，在说法上有时可以替代。

废弃电子产品有毒有害物质评价指标体系的功能主要包括以下几项。

一　描述功能

对有毒有害物质进行描述，客观反映实际污染情况，是该指标体系最基础的功能。这项功能可以使人们对有毒有害物质达到认识上的具体化。

二 评价功能

指标体系的评价功能是在描述功能基础上的进一步深化。采用一定方法对指标加以处理，从而反映出有毒有害物质的含量水平。评价指标体系是由各个要素指标构成，通过计算各个要素的综合得分，可以对电子产品有毒有害物质的整体水平做出综合性评价，也可以通过分析各个要素指标各自的得分，评价各个要素对电子产品的影响状况。

三 比较功能

当指标被用来衡量两个或两个以上的状态或条件时，它就具有了比较功能。比较功能可分为两类：一是横向比较，即在同一时间序列上对不同废弃电子产品的有毒有害物质含量进行比较分级；二是纵向比较，即对同一废弃电子产品的不同有毒有害物质含量的比较。

第五节 评价指标体系的建立

欧盟委员会在 2003 年 2 月 13 日颁布的两个环保指令《废弃电子电气设备指令》（WEEE 指令）和《关于在电子电气设备中限制使用某些有害物质（RoHS）指令》，以及由我国信息产业部等七部委联合制定的、于 2007 年 3 月 1 日正式施行的《电子信息产品污染控制管理办法》（中国版RoHS），将六种有毒有害物质作为评价指标，如图 9 - 2 所示。

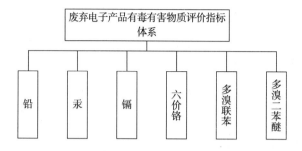

图 9 – 2　废弃电子产品有毒有害物质评价指标体系

第六节　评价方法的选定

选定评价方法要综合考虑指标的特点、数据的特点以及实际评价的特点等多方面因素。选择评价方法应能够合理地表现指标之间的关系，能够合理地推定各要素对系统的贡献。

一　主成分分析法

主成分分析法是一种多目标评价方法。它利用多元统计方法，完全依赖于评价指标的实际数据，较为客观，而且将多维数据进行降维处理，可以指出影响评价结果的主要因素。但主成分分析法是通过特征向量法来确定各指标的权重，且对所有的评价对象采用相同的权重分配，其权重较难确定且常带有主观性，权重的均一性会导致评价的非公正性。

二　模糊聚类分析法

模糊聚类分析法是在模糊分类关系基础上进行聚类。聚类分析的基本思想是用相似性尺度来衡量事物之间的亲疏程度，并以此实现分类。而模糊聚类分析的实质就是根据研究对象本身的属性构造模糊矩阵，在此基础上根据一定的隶属度来确定其分类关系。这是符合电子产品有毒有害物质评价指标特点的，还解决了定性指标难以度量、比较、最终做出评价的困难。但是模糊聚类分析法一方面难以考虑指标间的相互关系，另一方面也不易指出影响评价结果的主要指标。

三　主成分分析法与模糊聚类分析法的结合

通过对两种方法的研究可知二者的结合可以扬其长、避其短，既可以考虑到指标间的相互关系又可以避免权重的均一性而导致评价的非公正性。模糊聚类分析法通过对废弃电子产品有毒有害物质的含量的分析，对电子产品进行分级，确定电子产品的优良、好坏，将电子产品划分为若干等级，以供政府、企业和消费者进行参考。主成分分析法则是通过对废弃电子产品有毒有害物质的含量的分析，对影响废弃电子产品的相关因素进行评价，确定主要的影响因素，企业和政府提供预测和决策支持。从上述两种方法的各自特点出发，将主成分分析法的客观分析与模糊聚类分析法的主观分析相结合，对电子产品有毒有害物质进行评价不失为一种新的思路。另外，本书所应用的两种方法虽然看上去较为复杂，但大部分运算可以运用软件如 Matlab 等进行计算，大大提高了废弃电子产品有毒有害物质评价的计算效率和结果的准确性。

任何评价方法都不可能尽善尽美，因此，本书所应用的方法也存在一定不足之处，主要有以下两点。

1. 评价指标个数对评价结果的影响

对于主成分分析法，由大数定律可知，随着选取评价指标的增多，指标数据的平均水平和离散程度趋于稳定，因而协方差矩阵也趋于稳定，这样所得的评价结果准确性就更高。因此，如果所选取的评价指标不多，对最终的评价结果会产生一定的影响。另一方面，在所需选取指标过多的情况下，利用模糊聚类分析法对评价指标进行赋权就不太适合，聚类分析法本身的特性将使参与评判的专家对众多指标进行两两比较，而过多的两两比较很有可能使得评价者产生混乱，导致判断失误，继而影响了评价的结果，同时这种复杂性也违背了评价的原则。

2. 模糊聚类分析和主成分分析是相对评价

综合评价方法可分为绝对评价和相对评价两种，模糊聚类分析和主成分分析是相对评价，即可以选取时间序列指标和动态指标，但是评价出的结果只是一个相对的排序，不能像绝对评价一样指出具体的差异，但是可以通过综合评价判断出前后的相对差距。

第七节 小结

本章首先对废弃电子产品有毒有害物质评价的需求主体和影响因素展开讨论，然后提出指标体系的建立原则，并总结了废弃电子产品有毒有害物质评价指标体系的功能。最后，在对废弃电子产品有毒有害物质评价过程系统分析的基础上，提出了废弃电子产品有毒有害物质评价指标体系的基本框架，同时对评价方法进行了选定。

第十章
基于主成分分析的废弃电子产品
有毒有害物质评价模型

本章基于第九章提出的废弃电子产品有毒有害物质评价指标体系,应用主成分分析法对废弃电子产品有毒有害物质进行评价,并根据此结果确定废弃电子产品有毒有害物质的主要影响因素。在此之前,首先简单介绍一下主成分分析法的基本思想,这也是选择主成分分析法评价电子产品有毒有害物质的原因。

第一节　主成分分析法

一　基本原理

主成分分析法(Principal Component Analysis, PCA),首先是由英国的皮尔生(Karl Pearson)对非随机变量引入的,而后美国的数理统计学家赫特林(Harold Hotelling)于1933年将此方法推广到随机向量的情形。主成分分析法的降维思想从一开始就很好地为综合评价提供了有力的理论和技术支持。

主成分分析法是研究如何将多指标问题转化为较少的综合指标的一种重要统计方法，它能将高维空间的问题转化到低维空间去处理，使问题变得比较简单、直观，而且这些较少的综合指标之间互不相关，又能提供原有指标的绝大部分信息。

主成分分析法除了降低多变量数据系统的维度以外，还简化了变量系统的统计数字特征。主成分分析法在对多变量数据系统进行最佳简化的同时，还可以提供许多重要的系统信息，如数据点的重心位置或称为平均水平、数据变异的最大方向、群点的散布范围等。主成分分析法作为最重要的多元统计方法之一，在社会经济、企业管理及地质、生化等各领域都有其用武之地，如在综合评价、过程控制与诊断、数据压缩、信号处理、模式识别等方向获得了广泛的应用。

主成分分析法的基本思路是借助一个正交变换，将分量相关的原随机变量转换成分量不相关的新变量，从代数角度即将原变量的协方差阵转换成对角阵，从几何角度即将原变量系统转换成新的正交系统，使之指向样本点散布最开的正交方向，进而对多维变量系统进行降维处理。按照特征提取的观点，主成分分析法相当于一种基于最小均方误差的提取方法。

二　基本定义和性质

定义 1　设 $X = (X_1, X_2, \cdots, X_p)'$ 为 p 维随机向量，它的第 i 主成分分量可表示成 $Y_i = u'_i X$，$i = 1, 2, \cdots, p$。其中 u_i 是正交阵 U 的第 i 列向量，并满足如下条件：

Y_i 是 X_1，X_2，$\cdots$，X_p 的线性组合中方差最大者；

Y_k 是与 Y_1，Y_2，$\cdots$，Y_{k-1} 不相关的 X_1，X_2，$\cdots$，X_p 的线

性组合中方差最大者，$k = 2$，3，$\cdots$，p。

性质 1 设 Σ 是随机向量 $X = (X_1，X_2，\cdots，X_p)'$ 的协方差矩阵，其特征值 - 特征向量对 $(\lambda_1，e_1)$，$(\lambda_2，e_2)$，$\cdots$，$(\lambda_p，e_p)$，其中 $\lambda_1 \geqslant \lambda_2 \geqslant \cdots \geqslant \lambda_p \geqslant 0$。则第 i 个主成分为：

$$Y_i = e'_i X = e_{i1} X_1 + e_{i2} X_2 + \cdots + e_{ip} X_p，i = 1，2，\cdots，p$$

且

$$var(Y_i) = e'_i \Sigma e_i = \lambda_i，i = 1，2，\cdots，p$$
$$cov(Y_i，Y_j) = e'_i \Sigma e_j = 0，i \neq j。$$

性质 2 设随机向量 $X = (X_1，X_2，\cdots，X_p)'$ 有协方差矩阵 Σ，其特征值 - 特征向量对 $(\lambda_1，e_1)$，$(\lambda_2，e_2)$，$\cdots$，$(\lambda_p，e_p)$，其中 $\lambda_1 \geqslant \lambda_2 \geqslant \cdots \geqslant \lambda_p \geqslant 0$，$Y_k$ 是主成分，则

$$\sigma_{11} + \sigma_{22} + \cdots + \sigma_{pp} = \sum_{i=1}^{p} var(X_i) = \lambda_1 + \lambda_2 + \cdots + \lambda_p = \sum_{i=1}^{p} var(Y_i)$$

性质 2 说明主成分向量的协方差阵 Σ 为对角矩阵 Λ。方差代表变异性，反映的是信息量。从以上分析易知，总体总方差 $= \sigma_{11} + \sigma_{22} + \cdots + \sigma_{pp} = \lambda_1 + \lambda_2 + \cdots + \lambda_p$，即总体信息量可以用特征值来衡量，相应的特征值反映的是对应主成分的信息量，因此可引出定义 2、定义 3。

定义 2 称 $\lambda_k / \sum_{i=1}^{p} \lambda_i$ 为第 k 主成分的贡献率，称 $\sum_{i=1}^{k} \lambda_i / \sum_{i=1}^{p} \lambda_i$ 为前 k 个主成分的累积方差贡献率。

性质 3 如果 $Y_1 = e'_1 X$，$Y_2 = e'_2 X$，$\cdots$，$Y_p = e'_p X$ 是从协方差矩阵 Σ 所得到的主成分，则

$$\rho(Y_k，X_i) = \frac{e_{ki} \sqrt{\lambda_k}}{\sqrt{\sigma_n}} \quad i，k = 1，2，\cdots，p$$

是成分 Y_k 和变量 X_i 之间的相关系数，此处 $(\lambda_1，e_1)$，$(\lambda_2，$

e_2），…，（λ_p，e_p）是 Σ 的特征值 – 特征向量对。

定义 3 称第 k 主成分 Y_k 与原变量第 i 个分量 X_i 的相关系数 $\rho(Y_k, X_i)$ 为 X_i 在 Y_k 中的负荷量。

但需注意的是，$\rho(Y_k, X_i)$ 只度量了单个变量 X_i，对主成分 Y 的单变量贡献，当其他 X 存在时，$\rho(Y_k, X_i)$ 并不准确表明 X_i 对 Y 的重要性。在实践中，有较大（按绝对值）系数的变量，趋向有较大的相关，故单变量和多变量的重要性测度经常给出相似的结果。因此考察 $\rho(Y_k, X_i)$ 有助于对主成分的解释。

三　从标准化变量得到主成分

上述主成分都是从协方差导出的，主成分还可以由标准化变量得到。而且当所给变量的单位不是同一个量纲，或在极其不同的范围内变化时，标准化就是必需的了。

标准化形式为：

$$Z_i = \frac{(X_i - \mu_i)}{\sqrt{\sigma_{ii}}},$$

采用矩阵记号：

$$Z = (V^{\frac{1}{2}})^{-1}(X - \mu), \text{ 且 } E(Z) = 0,$$

则：
$$cov(Z) = (V^{\frac{1}{2}})^{-1} \Sigma (V^{\frac{1}{2}})^{-1} = \rho$$

则相应的性质 1、性质 2、性质 3 可以变为：

性质 4 第 i 主成分为：

$$Y = e_i Z = e'_i (V^{\frac{1}{2}})^{-1}(X - \mu) \qquad i = 1, 2, \cdots, p$$

$$\text{且 } var(Y_i) = e'_i \Sigma e_i = \lambda_i \qquad i = 1, 2, \cdots, p$$

$$cov\ (Y_i,\ Y_j)\ = e'_i \Sigma e_i = 0,\ i \neq j$$

性质 5 $\sum_{i=1}^{p} var\ (Y_i)\ = \sum_{i=1}^{p} Var\ (Z_i)\ = p$

相应地，第 k 主成分的贡献率 $= \dfrac{\lambda_k}{\sum_{i=1}^{p} \lambda_i} = \dfrac{\lambda_k}{p}$，$k = 1$，

$2,\ \cdots,\ p$；

前 k 个主成分的累积方差贡献率 $= \dfrac{\lambda_k}{p}$。

性质 6 $\rho\ (Y_k,\ Z_i)\ = e_{ki} \sqrt{\lambda_k}$ 　　$i,\ k = 1,\ 2,\ \cdots,\ p$

其中，$(\lambda_1,\ e_1)$，$(\lambda_2,\ e_2)$，$\cdots$，$(\lambda_p,\ e_p)$ 是 ρ 的特征值 – 特征向量对，且 $\lambda_1 \geqslant \lambda_2 \geqslant \cdots \geqslant \lambda_p \geqslant 0$。

四　样本主成分

设数据 $x_1,\ x_2,\ \cdots,\ x_p$ 为均值向量为 μ、协方差阵为 Σ 的某个 p 维总体中的 n 个抽样，这些数据得到的样本均值 $\bar{x}$、样本协方差阵 S 以及样本相关阵 R。若 $S = \{s_{ij}\}$ 是特征值 – 特征向量对为 $(\hat{\lambda}_1,\ \hat{e}_1)$，$(\hat{\lambda}_2,\ \hat{e}_2)$，$\cdots$，$(\hat{\lambda}_p,\ \hat{e}_p)$ 的 $p \times p$ 样本协方差，则第 i 个样本主成分由 $Y_i = e'_i \hat{y}_i = \hat{e}'_i x = \hat{e}'_{i1} x_1 + \hat{e}'_{i2} x_2 + \cdots + \hat{e}'_{ip} x_p$，$i = 1,\ 2,\ \cdots,\ p$ 给出，其中 $\hat{\lambda}_1 \geqslant \hat{\lambda}_2 \geqslant \cdots \geqslant \hat{\lambda}_p \geqslant 0$，$X$ 是变量 $x_1,\ x_2,\ \cdots,\ x_p$ 的任一观测值，且

样本方差：

$$var\ (\hat{y}_k)\ = \hat{\lambda}_k,\ k = 1,\ 2,\ \cdots,\ p$$

样本协方差：

$$cov\ (\hat{y}_i,\ \hat{y}_k)\ = 0,\ i \neq k$$

样本总方差：$\sum\limits_{i=1}^{p} var\ (\hat{y}_i)\ =\sum\limits_{i=1}^{p} s_{ii} = \hat{\lambda}_1 + \hat{\lambda}_2 + \cdots + \hat{\lambda}_p$

x_i 在 y_k 中的负荷量：$r\ (\hat{y}_k,\ x_i)\ =\dfrac{\hat{e}_{ki}\sqrt{\hat{\lambda}_k}}{\sqrt{s_{ii}}}$　　　　$i,\ k = 1,\ 2,\ \cdots,\ p$

正如整体主成分那样，样本主成分也可由标准化的数据得到。

采用标准化形式：

$$z_j = D^{-\frac{1}{2}}\ (x_j - \overline{x})\ = \left[\frac{x_{j1} - \overline{x_1}}{\sqrt{s_{11}}},\ \frac{x_{j2} - \overline{x_2}}{\sqrt{s_{22}}},\ \cdots,\ \frac{x_{jp} - \overline{x_p}}{\sqrt{s_{pp}}} \right]^{\mathrm{T}}\quad j = 1,\ 2,\ \cdots,\ p$$

则将观测值标准化后的 $n \times p$ 数据矩阵：

$$Z = \begin{pmatrix} z'_1 \\ z'_2 \\ \cdots \\ z'_n \end{pmatrix} = \begin{pmatrix} z_{11} & z_{12} & \cdots & z_{1p} \\ z_{21} & z_{22} & \cdots & z_{2p} \\ \cdots & \cdots & \cdots & \cdots \\ z_{n1} & z_{n2} & \cdots & z_{np} \end{pmatrix} = \begin{pmatrix} \dfrac{x_{i1} - \overline{x_1}}{\sqrt{s_{11}}} & \dfrac{x_{i2} - \overline{x_1}}{\sqrt{s_{11}}} & \cdots & \dfrac{x_{1p} - \overline{x_1}}{\sqrt{s_{11}}} \\ \dfrac{x_{21} - \overline{x_2}}{\sqrt{s_{22}}} & \dfrac{x_{22} - \overline{x_2}}{\sqrt{s_{22}}} & \cdots & \dfrac{x_{2p} - \overline{x_2}}{\sqrt{s_{22}}} \\ \cdots & \cdots & \cdots & \cdots \\ \dfrac{x_{p1} - \overline{x_p}}{\sqrt{s_{pp}}} & \dfrac{x_{p2} - \overline{x_p}}{\sqrt{s_{pp}}} & \cdots & \dfrac{x_{pp} - \overline{x_p}}{\sqrt{s_{pp}}} \end{pmatrix}$$

样本均值向量：

$$\overline{z} = \frac{1}{n}\ (1'Z)' = \frac{1}{n}Z'1 = \frac{1}{n}\left[\sum\limits_{j=1}^{n} \frac{x_{j1} - \overline{x_1}}{\sqrt{s_{11}}},\ \sum\limits_{j=1}^{n} \frac{x_{j2} - \overline{x_2}}{\sqrt{s_{22}}},\ \cdots,\ \sum\limits_{j=1}^{n} \frac{x_{jp} - \overline{x_p}}{\sqrt{s_{pp}}} \right] = 0$$

样本协方差矩阵：

$$S_z = \frac{1}{n-1}\left(Z - \frac{1}{n}11'Z \right)'\left(Z - \frac{1}{n}11'Z \right) = \frac{1}{n-1}\ (Z - 1\overline{Z}')'(Z - 1\overline{Z}')$$

$$= \frac{1}{n-1}ZZ' = R$$

因此，如果 $z_1,\ z_2,\ \cdots,\ z_n$ 是协方差矩阵为 R 的标准观

测值，则第 i 个样本主成分是

$$\hat{y}_i = \hat{e}'_i z = \hat{e}'_{i1} z_1 + \hat{e}'_{i2} z_2 + \cdots + \hat{e}'_{ip} z_p, \ i = 1, 2, \cdots, p$$

其中 $(\hat{\lambda}_i, \hat{e}_i)$ 是 R 的第 i 个特征值 – 特征向量对，且 $\hat{\lambda}_1 \geqslant \hat{\lambda}_2 \geqslant \cdots \geqslant \hat{\lambda}_p \geqslant 0$。另有

样本方差：$var(\hat{y}_k) = \hat{\lambda}_k, \ k = 1, 2, \cdots, p$

样本协方差：$cov(\hat{y}_i, \hat{y}_k) = 0, \ i \neq k$

样本总方差：$\sum\limits_{i=1}^{p} var(\hat{y}_i) = \text{tr}(R) = p = \hat{\lambda}_1 + \hat{\lambda}_2 + \cdots + \hat{\lambda}_p$，

x_i 在 y_k 中的负荷量：$r(\hat{y}_k, x_i) = \hat{e}_{ki}\sqrt{\hat{\lambda}_k} \quad i, k = 1, 2, \cdots, p$

第 k 主成分的贡献率：$\dfrac{\hat{\lambda}_i}{p} \quad i = 1, 2, \cdots, p$

五 基本算法和步骤

主成分分析的基本算法和步骤如下：

（1）采集 p 维随机向量 $X = (x_1, x_2, \cdots, x_p)'$ 的 n 个样本 $x_i = (x_{i1}, x_{i2}, \cdots, x_{ip})'$，列出观察资料矩阵 $X = (x_{ij})_{n \times p}$；

（2）对样本矩阵中的原始数据进行预处理，即将原始数据转换为正指标，然后利用下式

$$z_j = D^{-\frac{1}{2}}(x_j - \overline{x}) = \left[\frac{x_{j1} - \overline{x_1}}{\sqrt{s_{11}}}, \frac{x_{j2} - \overline{x_2}}{\sqrt{s_{22}}}, \cdots, \frac{x_{jp} - \overline{x_p}}{\sqrt{s_{pp}}}\right]^{\text{T}} \ j = 1, 2, \cdots, p$$

或 $\quad x_{ij}^* = \dfrac{x_{ij} - \overline{x_j}}{\sqrt{var(x_i)}} \ i = 1, 2, \cdots, n; \ j = 1, 2, \cdots, p$

其中，$\overline{x_j}$ 和 $\sqrt{var(x_i)}$ 分别是第 j 个变量的平均值和标准差。将所得数据标准化，得标准化矩阵：

$$Z = \begin{pmatrix} z'_1 \\ z'_2 \\ \cdots \\ z'_n \end{pmatrix} = \begin{pmatrix} z_{11} & z_{12} & \cdots & z_{1p} \\ z_{21} & z_{22} & \cdots & z_{2p} \\ \cdots & \cdots & \cdots & \cdots \\ z_{n1} & z_{n2} & \cdots & z_{np} \end{pmatrix}$$

（3）计算上述矩阵的样本相关系数矩阵

$$R = [\, r_{ij} \,]_{p \times p} = \frac{Z'Z}{n-1}$$

（4）解样本相关系数矩阵 R 的特征方程，得 p 个特征值，$\lambda_1 \geqslant \lambda_2 \geqslant \cdots \geqslant \lambda_p$。

（5）得到主成分 $Y_i = u'_i X$，$i = 1, 2, \cdots, p$，或 $Y = UX$，

其中 $U = \begin{pmatrix} u'_1 \\ u'_2 \\ \cdots \\ u'_n \end{pmatrix} = \begin{pmatrix} u_{11} & u_{12} & \cdots & u_{1m} \\ u_{21} & u_{22} & \cdots & u_{2m} \\ \cdots & \cdots & \cdots & \cdots \\ u_{n1} & u_{n2} & \cdots & u_{nm} \end{pmatrix}$，$u_{ij} = z'_i b^0_j$，$b^0_j$ 是

特征单位特征向量。相应 PCA 的分析步骤的流程如图10 – 1所示。

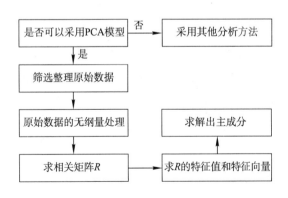

图 10 – 1　主成分分析流程

第二节　基于主成分分析的评价步骤

主成分分析是利用降维的思想，把多指标转化为少数几个综合指标的多元统计分析方法。主成分分析研究的目的是如何将多指标进行最佳综合简化，最终转化为较少的综合指标。也就是说，要在力保数据丢失最少的原则下，对高维变量空间进行降维处理。主成分分析法的特点是在评价指标的相关性比较高时，能消除指标间信息的重叠，而且根据指标所提供的原始信息生成非人为的权重系数。具体步骤如下：

（1）评价指标原始数据的标准化处理。

$$x_{ij}^* = \frac{x_{ij} - \overline{x_j}}{\sqrt{var\ (x_i)}} \quad i = 1,\ 2,\ \cdots,\ n;\ j = 1,\ 2,\ \cdots,\ 6$$

其中，x_{ij} 表示第 i 个检测单元第 j 个指标的观测值，x_{ij}^* 表示标准化以后的指标值，$\overline{x_j}$ 和 $\sqrt{var\ (x_i)}$ 分别表示为第 j 个指标的样本均值和标准差。

（2）计算矩阵 $(x_{ij}^*)_{n \times 6}$ 的相关矩阵 R，并计算 R 的特征值：$\lambda_1 \geq \lambda_2 \geq \cdots \geq \lambda_6 \geq 0$，以及对应的标准正交化特征向量 u_1，u_2，$\cdots$，u_6，其中

$$u_j = (u_{j1},\ u_{j2},\ \cdots,\ u_{j6}),\ (j = 1,\ 2,\ \cdots,\ 6),\ uu'_j = 1$$

（3）计算特征值的累积方差贡献率：$E = \sum_{k=1}^{m} \lambda_k \Big/ V \sum_{k=1}^{6} \lambda_n \Big/ V$。将 $E \geq 85\%$ 时 m 的最小整数作为 m 的值，即主成分的个数为 $E \geq 85\%$ 时的 m。

（4）提取前 m 个主成分。

$$y_k = \sum_{j=1}^{6} u_{kj} x_j, \quad (k = 1, 2, \cdots, m)。$$

（5）以方差贡献率为权系数求和计算每个被测评对象的综合评价指标值 $F = \sum_{k=1}^{i} \alpha_k y_k$，其中 α_k 为第 k 个主成分的方差贡献率，y_k 为第 k 个主成分。按照 F 值的大小对废弃电子产品有毒有害物质的主要影响因素进行排序。

第三节 基于主成分分析的废弃电子产品有毒有害物质评价

一 电子产品有毒有害物质主成分分析

根据课题要求，选取电子产品检测报告做主成分分析，设定 6 种有毒有害物质作为评价指标，分别为：铅 x_1（mg/kg）、汞 x_2（mg/kg）、镉 x_3（mg/kg）、六价铬 x_4（mg/kg）、多溴联苯 x_5（mg/kg）、多溴二苯醚 x_6（mg/kg）。

废弃电子产品检测报告如表 10 - 1 所示。

表 10 - 1 废弃电子产品检测报告（部分数据）

检测单元	铅	汞	镉	六价铬	多溴联苯	多溴二苯醚
1	660	264	16	300	18	146
2	86	301	162	137	30	74
3	425	318	159	341	139	62
4	767	482	517	372	269	29
5	604	494	770	156	220	194
6	30	310	293	108	4	150
7	183	389	697	300	7	38
8	612	94	572	399	163	126

检测单元	铅	汞	镉	六价铬	多溴联苯	多溴二苯醚
9	85	228	162	225	85	194
10	427	176	124	154	26	98
11	580	395	80	303	115	115
12	760	323	477	194	274	22
13	967	94	636	127	115	23
14	734	352	33	273	102	153
15	10	118	54	149	176	105
16	539	157	209	336	11	101
17	980	332	744	307	223	119
18	161	296	649	106	40	82
19	105	334	688	317	148	104
20	437	322	307	9	101	90
21	353	48	59	135	221	168
22	427	372	698	58	241	95
23	415	103	552	92	54	111
24	531	171	498	139	36	122
25	442	491	342	147	66	54
26	151	242	334	148	163	9
27	551	259	617	296	23	193
28	553	311	719	22	237	164
29	974	388	750	35	39	90
30	224	256	477	25	10	34

首先，将数据标准化处理，然后将处理后的数据，利用 Matlab 软件，可得指标 x_1，x_2，x_3，x_4，x_5，x_6 的相关系数矩阵为：

$$R = \begin{cases} 1.0000 & 0.0570 & 0.0152 & -0.0392 & 0.0611 & 0.0256 \\ 0.0570 & 1.0000 & -0.0244 & -0.0039 & -0.0285 & -0.0949 \\ 0.0152 & -0.0244 & 1.0000 & -0.0356 & -0.0117 & -0.0520 \\ -0.0392 & -0.0039 & -0.0356 & 1.0000 & 0.0697 & 0.0166 \\ 0.0611 & -0.0285 & -0.0117 & 0.0697 & 1.0000 & -0.0409 \\ 0.0256 & -0.0949 & -0.0520 & 0.0166 & -0.0409 & 1.0000 \end{cases}$$

计算出相关系数矩阵的特征值、特征向量及其贡献率，如表 10 - 2、表 10 - 3 所示。

表 10 - 2　各主成分的特征值、方差贡献率及累计贡献率

主成分	特征值	方差贡献率	累计贡献率
1	0.8164	47.0129	47.0129
2	0.9239	28.2455	75.2584
3	1.0251	10.8365	86.0949
4	1.0371	7.8487	93.9436
5	1.083	4.1915	98.1351
6	1.1144	1.8649	100

表 10 - 3　各主成分的特征向量

A1	A2	A3	A4	A5	A6
0.9986	0.0283	0.035	- 0.0156	0.0225	0.0084
0.035	0.0262	- 0.9972	- 0.0169	- 0.0287	- 0.0509
0.0289	- 0.9988	- 0.0239	- 0.0265	0.0029	- 0.0154
- 0.0193	0.025	0.0129	- 0.993	0.1124	0.0140
0.0197	0.0065	0.0343	- 0.1128	- 0.9911	0.0588
0.0047	0.0143	0.0498	- 0.0062	0.0618	- 0.9967

二　废弃电子产品有毒有害物质的综合评价

由表 10 - 2 可知，当主成分个数为 3 时，累计贡献率已经达到了 86.09%，表明取前 3 个主成分基本包括了全部测量指标所具有的信息，所以主成分个数取三个即可。则其对应的主成分为：

$$y_1 = 0.9986x_1 + 0.0350x_2 + 0.0289x_3 - 0.0193x_4 + 0.0197x_5 + 0.0047x_6$$

$$y_2 = 0.0283x_1 + 0.0262x_2 - 0.9988x_3 + 0.0250x_4 + 0.0065x_5 + 0.0143x_6$$

$$y_3 = 0.0350x_1 - 0.9972x_2 - 0.0239x_3 + 0.0129x_4 + 0.0343x_5 + 0.0498x_6$$

从上述公式中可以看出，在第一主成分的表达式中第一项指标系数最大，且与其他五项指标系数相差较大，我们可以将第一主成分看成是铅作为废弃电子产品有毒有害物质污染情况的主要评价指标；

在第二主成分中，第一、第二、第三项指标影响最大，所以可将之看成是反映铅、汞、镉在废弃电子产品中污染的综合评价指标；

在第三主成分中，第二、第六项指标系数较大，可看成是汞和多溴二苯醚在废弃电子产品中污染的综合评价指标。

通过应用发现，主成分分析在废弃电子产品有毒有害物质评价的应用中有简单、快捷和符合实际的优点。然而，在查阅文献时也发现，对废弃电子产品有毒有害物质的分级标准的研究很少。到目前为止，我国《电子信息产品污染控制管理办法》（中国版 RoHS）仅仅规定了某些指标的最大含量。所以如果存在类似其他有关污染明确的分级标准，对于评价废弃电子产品污染和提高电子产品的品质都是很有意义的。

本书中电子产品指标种类数和样本量可能会在一定程度上影响分析的精度，有待在今后的研究中加以完善。另外，利用主成分分析法得到的废弃电子产品有毒有害物质评价结果更多的是反映不同类型废弃电子产品在污染物含量上的差异性，在对废弃电子产品进行评价时不能完全取代以废弃电子产品质量标准为依据的评价方法。尽管如此，主成分分析法仍然是较为有效的废弃电子产品有毒有害物质污染的定量评价工具。

第四节　小结

本章首先介绍了主成分分析法的基本原理及算法和步骤，然后结合废弃电子产品有毒有害物质评价指标体系应用主成分分析建立分析模型，对废弃电子产品有毒有害物质进行综合评价，确定主要影响因素。

第十一章
基于模糊聚类分析的废弃电子产品
有毒有害物质评价模型

本章基于第九章提出的废弃电子产品有毒有害物质评价指标体系，应用模糊聚类分析法对废弃电子产品有毒有害物质进行评价，并根据此结果对废弃电子产品进行等级分类。首先对模糊聚类分析进行简单介绍，分析选择模糊聚类分析法的具体原因，然后结合评价指标体系构建分析模型。

第一节 模糊聚类分析的数学模型

在科学技术、经济管理中常常需要按一定的标准相似程度或亲疏关系对所研究的事物进行分类，其中，按照一定的标准进行分类的方法称为聚类分析，它是多元统计"物以类聚"的一种分类方法。由于科学技术、经济管理的分类往往具有模糊性，因此采用模糊聚类法通常比较符合实际。

聚类分析是将事物根据一定的特征、并且按照某种特定的要求或规律进行分类的方法。因此，聚类分析的对象是尚未分类的群体。例如，本书所研究的废弃电子产品有毒有害物质按照危害严重程度分为"Ⅰ""Ⅱ""Ⅲ"级。对带有模糊特征的事物进行聚类分析，显然应该采用模糊数学的方法，因此称其为模糊聚类分析法。模糊聚类分析有许多具体的方法，可分为三类：

（1）系统聚类法。这是一种基于模糊关系的分类法。其中包括基于模糊等价关系的聚类方法即传递闭包法、基于模糊相似关系的聚类方法（直接法）、最大树方法（直接法）等。

（2）逐步聚类法（迭代聚类法、ISODATA 法）。

（3）混合法。这种方法通过参考数据的分布规律以及某些经验、要求等进行分类。

一　模糊聚类分析的基本思想

模糊聚类分析是在模糊分类关系基础上进行聚类。聚类分析的基本思想是用相似性尺度来衡量事物之间的亲疏程度，并以此实现分类。而模糊聚类分析的实质就是根据研究对象本身的属性构造模糊矩阵，在此基础上根据一定的隶属度来确定分类关系。

模糊聚类分析有如下特点：

（1）模糊聚类分析是依据客观事物间的特征、亲疏程度和相似性，通过建立模糊相似关系对客观事物进行分类的统计技术。用模糊聚类分析方法处理带有模糊性的聚类问题更为客观、灵活、直观，计算更加简捷。

（2）模糊聚类分析方法是动态聚类方法。首先将样本进行一次粗略的分类，称为初始分类；然后根据某种最优原则反复不断修改，直至分类合理为止。

（3）模糊聚类的结论并不表示样本绝对地属于某一类或不属于某一类，而是以阈值来表示样本在什么程度上相对地属于某一类，在什么程度上相对地属于另一类。这种划分带有相对的性质，因此用于复杂多变的分类分析。

二 模糊聚类分析模型

模糊聚类分析一般包括以下基本步骤：

（一） 数据标准化

1. 数据标准化的作用

在实际应用问题中，不同的数据可能会有不同的量纲，为了使不同量纲的数据也能进行比较，需要对数据进行适当的变换。

2. 数据矩阵

设论域 $U = \{x_1, x_2, x_3, \cdots, x_n\}$ 为被分类的对象，而每个对象又有 m 个指标表示其性状：

$$x_i = \{x_{i1}, x_{i2}, x_{i3}, \cdots, x_{im}\} \quad (i = 1, 2, \cdots, n)$$

于是，可以得到原始数据矩阵为：

$$\begin{pmatrix} x_{11} & x_{12} & \cdots & x_{1m} \\ x_{21} & x_{22} & \cdots & x_{2m} \\ \cdots & \cdots & \cdots & \cdots \\ x_{n1} & x_{n2} & \cdots & x_{nm} \end{pmatrix}$$

3. 数据标准化

在实际问题中，不同的数据一般会有不同的量纲，为了使不同量纲的数据也能进行比较，通常需要对数据进行适当的变换。但是，即使这样，得到的数据也不一定在区间

$[0, 1]$ 上, 因此, 要对数据进行标准化, 也就是根据模糊矩阵的要求, 将数据压缩到区间 $[0, 1]$ 上。

数据标准化要做以下两种变换。

(1) 平移标准差变换

$$x'_{ik} = \frac{x_{ik} - \overline{x_k}}{s_k} \quad (i = 1, 2, \cdots, n; k = 1, 2, \cdots, n)$$

其中

$$\overline{x_k} = \frac{1}{n} \sum_{i=1}^{n} x_{ik}$$

$$S_k = \sqrt{\frac{1}{n} \sum_{i=1}^{n} (x_{ik} - \overline{x_k})^2}$$

经过标准差变换后, 每个变量的均值都为 0, 标准差为 1, 并且消除了量纲的影响。但是, 这样得到的 x'_{ik} 还不一定在 $[0, 1]$ 上, 所以还要做下一个变换, 即平移极差变换。

(2) 平移极差变换

$$x'_{ik} = \frac{x'_{ik} - \min_{1 \leqslant i \leqslant n} \{x'_{ik}\}}{\max_{1 \leqslant i \leqslant n} \{x'_{ik}\} - \min_{1 \leqslant i \leqslant n} \{x'_{ik}\}} \quad (k = 1, 2, \cdots, n)$$

经过平移极差变换后, 显然有 $0 \leqslant x_{ik} \leqslant 1$, 而且也消除了量纲的影响。

(二) 建立模糊相似矩阵

建立模糊相似矩阵又称为标定, 即标出衡量被分类的对象之间相似程度的统计量。

$$r_{ij} \quad (i = 1, 2, \cdots, n; j = 1, 2, \cdots, n)。$$

设论域 $U = \{x_1, x_2, x_3, \cdots, x_n\}$, $x_i = \{x_{i1}, x_{i2}, x_{i3}, \cdots, x_{im}\}$, 依据传统聚类方法确定相似系数, 建立模糊相

似矩阵，x_i 与 x_j 的相似程度 $r_{ij} = R(x_i, x_j)$。确定 $r_{ij} = R(x_i, x_j)$ 的方法主要是借用传统聚类分析的相似系数法、距离法以及其他方法。可以计算 r_{ij} 的方法很多，要根据问题的性质来决定具体使用什么方法。

1. 相似系数法

（1）数量积法

$$r_{ij} = 1 \qquad\qquad i = j$$

$$r_{ij} = \frac{1}{M} \sum_{k=1}^{n} x_{ik} \cdot x_{jk} \qquad\qquad i \neq j$$

其中 $M = \max\limits_{i \neq j} \left(\sum x_{ik} \cdot x_{jk} \right)$。

显然 $|r_{ij}| \in [0, 1]$，若 r_{ij} 中出现负值，也可以采用下面的方法把 r_{ij} 压缩到 $[0, 1]$ 上。

令 $r'_{ij} = \dfrac{r_{ij} - 1}{2}$，则 $r'_{ij} \in [0, 1]$。

当然也可以使用上面的平移极差变换。

（2）夹角余弦法

$$r_{ij} = \frac{\sum\limits_{k=1}^{m} x_{ik} \cdot x_{jk}}{\sqrt{\sum\limits_{k=1}^{m} x_{ik}^2} \cdot \sqrt{\sum\limits_{k=1}^{m} x_{jk}^2}}$$

（3）相关系数法

$$r_{ij} = \frac{\sum\limits_{k=1}^{m} |x_{ik} - \overline{x_i}| |x_{jk} - \overline{x_j}|}{\sqrt{\sum\limits_{k=1}^{m} (x_{ik} - \overline{x_i})^2 \cdot \sum\limits_{k=1}^{m} (x_{jk} - \overline{x_j})^2}}$$

其中：

$$\overline{x_i} = \frac{1}{m} \sum_{k=1}^{m} x_{ik}$$

$$\overline{x}_j = \frac{1}{m} \sum_{k=1}^{m} x_{jk}$$

（4）指数相似系数法

$$r_{ij} = \frac{1}{m} \sum_{k=1}^{m} \exp\left\{ -\frac{3}{4} \cdot \frac{(x_{ik} - x_{jk})^2}{s_k^2} \right\}$$

其中：
$$s_k = \frac{1}{n} \sum_{k=1}^{m} (x_{ik} - \overline{x}_{ik})^2,$$

而
$$\overline{x}_k = \frac{1}{n} \sum_{i=1}^{n} x_{ik} \quad (k = 1, 2, \cdots, n)$$

需要注意的是，相关系数法与指数相似系数法中的统计指标的内容是不同的。在相关系数法中，$x_i = \{x_{i1}, x_{i2}, x_{i3}, \cdots, x_{im}\}$ 中的 m 个坐标是取自同一个母体 X_i 的 m 个样本，r_{ij} 表示两个母体 X_i 与 X_j 的相关程度。反映在原始数据矩阵 H 上，当 H 的不同的行来自不同的母体时，采用相关系数法。这一点可以由 $\overline{x}_i = \frac{1}{m} \sum_{k=1}^{m} x_{ik}$ 看出。

在指数相似系数法中，$x_1, x_2, x_3, \cdots, x_n$ 是取自同一个 m 维母体 $X = (X_1, X_2, \cdots, X_m)$ 的 n 个 m 维样本。这时 r_{ij} 反映的是两个样本间的相似程度。反映在原始数据矩阵 H 上，当 H 的不同的列来自不同的母体时，采用指数相似系数法。这一点可以由 $\overline{x}_k = \frac{1}{n} \sum_{i=1}^{n} x_{ik}$ 看出。

（5）最大最小法

$$r_{ij} = \frac{\sum_{k=1}^{m} x_{ik} \wedge x_{jk}}{\sum_{k=1}^{m} x_{ik} \vee x_{jk}}$$

（6）算术平均最小法

$$r_{ij} = \frac{\sum\limits_{k=1}^{m} x_{ik} \wedge x_{jk}}{\sum\limits_{k=1}^{m} x_{ik} + x_{jk}}$$

（7）几何平均最小法

$$r_{ij} = \frac{\sum\limits_{k=1}^{m} x_{ik} \wedge x_{jk}}{\sum\limits_{k=1}^{m} x_{ik} \cdot x_{jk}}$$

需要注意的是，上述最大最小法、算术平均最小法和几何平均最小法均要求 $x_{ij} > 0$，否则，也要做适当的变换。

2. 距离法

（1）距离法包括绝对值倒数法和绝对值指数法。

① 绝对值倒数法

$$r_{ij} = 1 \qquad i = j$$

$$r_{ij} = \frac{M}{\sum\limits_{k=1}^{m} |x_{ik} - x_{jk}|} \qquad i \neq j$$

其中 M 适当选取，使得 $0 \leqslant r_{ij} \leqslant 1$。

② 绝对值指数法

$$r_{ij} = \exp\left\{ -\sum\limits_{k=1}^{m} |x_{ik} - x_{jk}| \right\}$$

直接用距离法时，总是令 $r_{ij} = 1 - c \cdot d(x_i, x_j)$，其中 c 为适当选取的参数，它使得 $0 \leqslant r_{ij} \leqslant 1$。

（2）经常采用的距离有：

① 海明距离

$$d(x_i, x_j) = \sum\limits_{k=1}^{m} |x_{ik} - x_{jk}|$$

此时相似系数与绝对值减数法一致。

② 欧几里得距离

$$d\ (x_i,\ x_j)\ =\sqrt{\sum_{k=1}^{m}\ (x_{ik}-x_{jk})^2}$$

③ 切比雪夫距离

$$d\ (x_i,\ x_j)\ =\max_{k=1}^{m}\ |x_{ik}-x_{jk}|$$

3. 主观评定法

主观评定法就是请专家或者是有实际经验者直接对 x_i 与 x_j 的相似程度评分，作为 r_{ij} 的值。

（三）聚类

1. 基于模糊等价关系的聚类方法

（1）传递闭包法

因为模糊等价矩阵能对论域进行等价的划分，这就能满足聚类分析的需要。然而，在通常的情况下，由标定过程构造出的模糊关系仅能满足自反性和对称性，而不满足传递性，所以生成的只是一个模糊相似矩阵 R，而不是模糊等价矩阵。所以为了进行分类，还要在这个模糊相似矩阵的基础上生成一个模糊等价矩阵，最自然的方法就是求该模糊相似矩阵 R 的传递闭包 $t(R)$，这样便可以得到一个模糊等价矩阵。当生成模糊等价矩阵后，取某一实数 $\lambda\in[0,1]$，计算出 P（布尔矩阵）便得到论域的一个等价划分：当 $p_{ij}=1$ 时说明 x_i 与 x_j 在同一个等价类中，否则它们两个不在同一个等价类中。如果依次将 λ 值从 1 变小至 0 时，便可以得到 X 的一个逐渐由细变粗的动态分类。在此方法中，由于模糊等价矩阵是采用传递闭包的方法得到的，故称此方法为传递闭包法。

可见，采用传递闭包法进行聚类的过程，可以归纳为以下两个步骤：

① 生成模糊等价矩阵。由一个模糊相似矩阵通过求闭包生成一个模糊等价矩阵。

② 划分。由大到小，依次取实数 $\lambda \in [0, 1]$，计算 R_λ，再根据 R_λ 对 X 进行划分。最后便得到在不同的水平下对事物的划分。

（2）布尔矩阵法

设 R 是论域 $U = \{x_1, x_2, x_3, \cdots, x_n\}$ 上的模糊相似矩阵，若要得到 U 的元素在 λ 水平上的分类，则可以直接由模糊相似矩阵 R 作其 λ 截矩阵 R_λ。显然，R_λ 为布尔矩阵，若 R_λ 为等价矩阵，则可以推出 R 也是等价矩阵；若 R_λ 不是等价矩阵，则可以按下面的方法将 R 改造成一个等价的布尔矩阵，然后再进行分类。

布尔矩阵法的理论依据是下面的定理。

定理 设 R 是论域 $U = \{x_1, x_2, x_3, \cdots, x_n\}$ 上的相似的布尔矩阵，则 R 具有传递性（当 R 是等价布尔矩阵时）$< = >$ 矩阵 R 在任一排列下的矩阵都没有形如

$$\begin{pmatrix} 1 & 1 \\ 1 & 0 \end{pmatrix}, \begin{pmatrix} 1 & 1 \\ 0 & 1 \end{pmatrix}, \begin{pmatrix} 1 & 0 \\ 1 & 1 \end{pmatrix}, \begin{pmatrix} 0 & 1 \\ 1 & 1 \end{pmatrix}$$

的特殊子矩阵。

这个定理为我们提供了一个从矩阵上判别一个布尔矩阵是否为等价矩阵的方法。

布尔矩阵法的具体步骤如下：

① 求模糊相似矩阵的 λ 截矩阵 R_λ。

② 若 R_λ 按上面的定理判定为是等价的，则由 R_λ 可以得到 U 在 λ 水平上的分类；若 R_λ 按上面的定理判定为不是等价的，则按上面的定理判定为在某一排列子下含有上述形式的特殊子矩阵。此时，只要将 R_λ 中上述形式的特殊子矩阵中的"0"一律改成"1"，直到不再产生上述形式的特殊子矩阵为止，如此得到的 R_λ'' 为等价矩阵，则由 R_λ'' 可以得到 λ 水平上的分类。

注意：①布尔矩阵法中"在任一排列下"是指按行或列的任一排列；②因为布尔矩阵 R_1，$R_{0.8}$，$R_{0.6}$ 是等价矩阵，所以可以直接分类。

2. 基于模糊相似关系的聚类方法

（1）直接聚类法

采用传递闭包法进行分类，虽然从原理上看很自然，但是在实际应用中当模糊相似矩阵的阶数较高时，计算量会很大，所以不能满足一些对计算速度要求较高的应用。直接聚类法则不必求模糊相似矩阵的传递闭包，并且其分类结果与传递闭包法相同，从而可以在计算上减少很多负担。

所谓直接聚类法是指在建立模糊相似矩阵后，不必去求传递闭包 $t(R)$，也不用布尔矩阵法，而是直接从模糊相似矩阵出发，求得聚类结果。

根据标定所得的模糊相似矩阵 R，直接聚类法的步骤如下：

① 取 $\lambda_1 = 1$（R 中的最大值），对论域中的所有元素 x_i 去构造相类似的 $[x_i]_R$。

$$[x_i]_R = \{x_j \mid r_{ij} = 1\}$$

即将满足条件 $r_{ij} = 1$ 的 x_i 与 x_j 归为同一类，构成相似类。相似类与等价类的不同之处在于，不同的相似类可能会含有同一个元素，即出现 $[x_i]_R = \{x_j, x_k\}$，$[x_j]_R = \{x_j, x_k\}$，即它们的交集不为空。对于两个交集不空的相似类，应当将其归并为一个相似类，即取它们的交集，这样就得到了关于 R 的传递闭包 $t(R)$ 对应于 $\lambda_1 = 1$ 水平上的等价分类。

② 取 λ_2 为 R 中的次大值，并且从 R 中直接找出相似程度为 λ_2 的元素对 (x_i, x_j)，即 $r_{ij} = \lambda_2$，然后将取 $\lambda_1 = 1$ 时所得到的划分含有 x_i 与含有 x_j 的等价类归并（即取其并集）。对所有这类元素进行归并后，便得到了关于 R 的传递闭包 $t(R)$ 对应于 λ_2 的等价分类。

③ 取 λ_3 为 R 中的次大值，并且从 R 中直接找出相似程度为 λ_3 的元素对 (x_i, x_j)，即 $r_{ij} = \lambda_3$，类似地，将取 λ_2 时所得到的划分含有 x_i 与含有 x_j 的等价类归并（即取其并集）。对所有这类元素进行归并后，便得到了关于 R 的传递闭包 $t(R)$ 对应于 λ_3 的等价分类。

④ 以此类推，直到归并到 U 成为一类为止。

直接聚类法与传递闭包法、布尔矩阵法所得到的结果是一样的，但是直接聚类法要简便一些。

（2）最大树法

采用传递闭包法要利用模糊相似矩阵改造成模糊等价矩阵才能进行正确的分类。但是多次的合成运算会花费大量的时间，特别是当样本数目较大时，问题会变得更加突出，所以我们希望找出基于模糊相似矩阵的直接进行分类的方法，最大树法便是其中之一。

最大树法的思想就是画出以被分类元素为顶点、以模糊相似矩阵 R 的元素 r_{ij} 为权重的一棵最大的树，取定 $\lambda \in [0，1]$，砍断权重小于 λ 的枝，得到一棵不连通的图，各个连通的分支便构成了在 λ 水平上的分类，具体做法如下：

设 $U = \{x_1，x_2，x_3，\cdots，x_n\}$，先画出所有顶点 x_i（$i = 1，2，\cdots，n$），从模糊相似矩阵 R 中按 r_{ij} 由大到小的顺序依次画出树枝，并标上权重，要求不产生圈，直到所有顶点连通为止，这就得到了一棵最大的树。

得到最大树后，对于任意给定的 λ，只要 $r_{ij} < \lambda$ 的边砍断就可以得到一个不连通的图，它的连通分支就是 λ 水平上的类。值得注意的是，这种分类法与最大树的选择是无关的，因此当最大树不唯一时，是不会影响其分类结果的。

（四）最佳阈值 λ 的确定

在模糊聚类分析中，由于对 λ 值选择的不同，会得到不同的分类结果，从而形成一个动态聚类图。就分类的正确性而言，不同的分类结果是有好坏之分的，还有一些应用对分类结果是有具体要求的，因此阈值 λ 的选择就显得极为重要了。

确定最佳阈值 λ 一般有以下两种方法。

1. 人为调整或请专家确定

根据实际应用的要求，在得到的动态聚类图中，人为地调整 λ 值以得到合适的分类，这样做需要事先确定好样本应分为几类。也可以请经验丰富的专家结合问题的需要来确定 λ 值，从而得到 λ 水平上的分类结果。

2. F 检验法

设论域 $U = \{x_1, x_2, x_3, \cdots, x_n\}$ 为样本空间，每个样本 x_i 又有 m 个特征，即 $x_i = \{x_{i1}, x_{i2}, x_{i3}, \cdots, x_{im}\}$，由此可以得到原始的数据矩阵。

令 $\overline{x} = \{\overline{x_1}, \overline{x_2}, \overline{x_3}, \cdots, \overline{x_m}\}$，称 $\overline{x}$ 为总体样本的中心向量，其中，$\overline{x_k} = \frac{1}{n}\sum\limits_{i=1}^{n} x_{ik}$ $(k = 1, 2, \cdots, m)$。

设对应于 λ 值的分类数为 s，分类结果中的第 j 类的样本数目为 n_j，其中的样本记为：$x_1^{(j)}, x_2^{(j)}, \cdots, x_n^{(j)}$，第 j 类的聚类中心向量：$\overline{x}^{(j)} = [\overline{x_1}^{(j)}, \overline{x_2}^{(j)}, \cdots, \overline{x_m}^{(j)}]$，其中 $\overline{x_k}^{(j)}$ 为第 k 个特征的平均值：

$$x_k^{(j)} = \frac{1}{n_j}\sum_{i=1}^{n_j} x_{ik}^{(j)} (k = 1, 2, \cdots, m)$$

做 F 统计量

$$F = \frac{\sum\limits_{j=1}^{s} n_j \left\| \overline{x}^{(j)} - \overline{x} \right\|^2 / (s-1)}{\sum\limits_{j=1}^{s}\sum\limits_{i=1}^{n_j} \left\| x_i^{(j)} - \overline{x}^{(j)} \right\|^2 / (s-1)}$$

其中，$\left\| \overline{x}^{(j)} - \overline{x} \right\| = \sqrt{\sum\limits_{k=1}^{m} \left[\overline{x_i}^{(j)} - \overline{x} \right]^2}$ 为 $\overline{x}^{(j)}$ 到 $\overline{x}$ 的距离，$\left\| x_1^{(j)} - \overline{x}^{(j)} \right\|$ 为第 j 类中样本 x_1 到中心 $\overline{x}^{(j)}$ 的距离。

F 统计量是服从自由度为 $s-1$，$n-s$ 的 F 分布，它的分母表示类内样本间的距离，它的分子表示类与类之间的距离。由此可以看出，分子的值越大，分母的值越小，则 F 的值越大，这就说明类与类之间的距离很大，表示类与类之间的差异很大，分类效果就越好。

由此我们可以根据给定的所有 λ 值的分类结果，分

别计算各自的 F 值，其中对应最大 F 值的 λ 值，即为最佳阈值。

第二节 废弃电子产品有毒有害物质的模糊聚类分析

一 原始数据标准化

根据课题要求，选取电子产品检测报告做模糊聚类分析，设定 6 种有毒有害物质作为评价指标，分别为：铅 x_1（mg/kg）、汞 x_2（mg/kg）、镉 x_3（mg/kg）、六价铬 x_4（mg/kg）、多溴联苯 x_5（mg/kg）、多溴二苯醚 x_6（mg/kg）。

设论域 $U = \{x_1, x_2, x_3, \cdots, x_n\}$ 为被分类的对象，即检测报告中的检测单元，而每个对象又有 6 个指标表示其性状，即 6 种有毒有害物质：

$$x_i = \{x_{i1}, x_{i2}, x_{i3}, \cdots, x_{im}\} \quad (i = 1, 2, \cdots, n)$$

于是，可以得到原始数据矩阵见第十章表 10 - 1。

（1）进行平移标准差变换，所得数据矩阵见表 11 - 1。

表 11 - 1 经平移标准差变换后矩阵（部分数据）30 × 6

检测单元	铅	汞	镉	六价铬	多溴联苯	多溴二苯醚
1	505.26	401.32	352.05	54.276	318.01	59.057
2	672.26	17.322	659.05	295.28	157.01	152.06
3	444.26	388.32	341.05	254.28	133.01	44.057
4	195.26	382.32	92.047	158.28	67.009	55.057
5	741.26	334.32	401.05	232.28	32.009	126.06

检测单元	铅	汞	镉	六价铬	多溴联苯	多溴二苯醚
6	440. 26	93. 322	353. 05	99. 276	102. 01	70. 057
7	302. 26	472. 32	270. 05	227. 28	97. 009	98. 057
8	382. 26	130. 32	513. 05	74. 276	113. 01	45. 057
9	773. 26	104. 32	785. 05	352. 28	131. 01	50. 057
10	970. 26	230. 32	784. 05	172. 28	189. 01	102. 06
11	491. 26	219. 32	321. 05	335. 28	92. 009	148. 06
12	475. 26	318. 32	621. 05	387. 28	44. 009	65. 057
13	592. 26	45. 322	788. 05	208. 28	96. 009	76. 057
14	149. 26	129. 32	449. 09	310. 28	89. 009	97. 057
15	52. 262	302. 32	508. 05	365. 28	164. 012	158. 06
16	540. 26	137. 32	241. 05	32. 276	124. 01	28. 057
17	748. 26	467. 32	746. 05	334. 27	42. 009	26. 057
18	293. 26	153. 32	312. 05	59. 276	218. 01	189. 06
19	55. 262	-1. 6781	28. 047	297. 28	89. 008	197. 06
20	663. 26	390. 32	392. 05	135. 28	71. 009	168. 06
21	750. 26	358. 32	568. 05	168. 28	195. 01	90. 057
22	627. 26	247. 32	-1. 9527	119. 28	233. 01	148. 06
23	9. 2623	232. 32	217. 05	185. 28	205. 01	158. 06
24	285. 26	64. 332	754. 05	88. 276	83. 009	27. 057
25	434. 26	270. 32	675. 05	315. 28	132. 01	72. 057
26	234. 26	426. 32	455. 05	76. 276	211. 01	188. 06
27	187. 26	80. 322	686. 05	10. 276	247. 01	78. 057
28	997. 26	459. 32	744. 05	29. 276	225. 01	158. 06
29	181. 26	146. 32	746. 05	298. 28	39. 009	61. 057
30	612. 26	228. 32	187. 05	311. 28	55. 009	123. 06

显然，所得矩阵中 x'_{ik} 不在 $[0, 1]$ 上，需要继续进行变换，即平移极差变换。

（2）进行平移极差变换，所得数据矩阵见表 11 – 2。

表 11 – 2　经平移极差变换后矩阵（部分数据）30 × 6

检测单元	铅	汞	镉	六价铬	多溴联苯	多溴二苯醚
1	0.50202	0.85021	0.4481	0.11671	0.86512	0.19298
2	0.67105	0.040084	0.83671	0.75597	0.5814	0.73684
3	0.44028	0.82278	0.43418	0.64721	0.46977	0.10526
4	0.18826	0.81013	0.11899	0.39257	0.16279	0.16959
5	0.74089	0.70886	0.51013	0.58886	0	0.5848
6	0.43623	0.20042	0.44937	0.23607	0.32558	0.25731
7	0.29565	1	0.3443	0.5756	0.30233	0.42105
8	0.37753	0.27848	0.6519	0.16976	0.37674	0.11111
9	0.77328	0.22363	0.9962	0.90716	0.46047	0.14035
10	0.97267	0.48945	0.99494	0.42971	0.73023	0.44444
11	0.48785	0.46624	0.40886	0.86207	0.27907	0.71345
12	0.47166	0.67511	0.78861	1	0.055814	0.22807
13	0.59008	0.099156	1	0.5252	0.29767	0.2924
14	0.1417	0.27637	0.57089	0.79576	0.26512	0.4152
15	0.043522	0.64135	0.64557	0.94164	0.61395	0.83041
16	0.53745	0.29536	0.30759	0.058355	0.42791	0.011696
17	0.74798	0.98945	0.94684	0.85942	0.046512	0
18	0.28745	0.327	0.39747	0.12997	0.86512	0.95322
19	0.046559	0	0.037975	0.76127	0.26512	1
20	0.63158	0.827	0.49873	0.33156	0.1814	0.83041
21	0.75	0.7384	0.72152	0.4191	0.75814	0.37427
22	0.62551	0.52532	0	0.28912	0.93488	0.71345

检测单元	铅	汞	镉	六价铬	多溴联苯	多溴二苯醚
23	0	0.49367	0.27722	0.46419	0.80465	0.77193
24	0.27935	0.13924	0.95696	0.2069	0.23721	0.005848
25	0.43016	0.57384	0.85696	0.80902	0.46512	0.26901
26	0.22773	0.90295	0.57848	0.17507	0.83256	0.94737
27	0.18016	0.173	0.87089	0	1	0.30409
28	1	0.97257	0.9443	0.050398	0.89767	0.77193
29	0.17409	0.31224	0.94684	0.76393	0.032558	0.20468
30	0.61032	0.48523	0.23924	0.79841	0.10698	0.56725

从表 11 - 2 中可以看出，矩阵中 x'_{ik} 在 $[0, 1]$ 上，同时也消除了量纲的影响，得到了标准化矩阵。

二　建立模糊相似矩阵

设论域 $U = \{x_1, x_2, x_3, \cdots, x_n\}$，$x_i = \{x_{i1}, x_{i2}, x_{i3}, \cdots, x_{im}\}$，依据传统聚类方法确定相似系数，建立模糊相似矩阵，x_i 与 x_j 的相似程度 $r_{ij} = R(x_i, x_j)$。确定 $r_{ij} = R(x_i, x_j)$ 的方法采用欧式距离法。欧式距离法的公式为：

$$d(x_i, x_j) = \sqrt{\sum_{k=1}^{m} (x_{ik} - x_{jk})^2}$$

直接用距离法时，总是令 $r_{ij} = 1 - cd(x_i, x_j)$，其中 c 为适当选取的参数，它使得 $0 \leqslant r_{ij} \leqslant 1$。

通过欧式距离法得到模糊相似矩阵 R，见附录 A。

三 直接聚类

由于模糊相似矩阵的阶数较高，计算量很大，不能满足一些对计算速度要求较高的应用。直接聚类法则不必求模糊相似矩阵的传递闭包，也不用布尔矩阵法，并且其分类结果与传递闭包法相同，从而可以在计算上减少很多负担。所以采用直接聚类法对模糊相似矩阵进行聚类。根据标定所得的模糊相似矩阵 R，直接聚类得到聚类图，横坐标为论域 U 的各个对象，即检测单元，纵坐标为两个相连对象之间的距离 λ，见图 11-1。

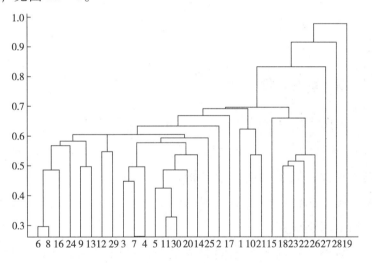

图 11-1 模糊聚类

从聚类图中可以看出：

当取 $\lambda_1 = 0$ 时，任意两个对象之间没有连接，相互独立。因此，在 $\lambda_1 = 0$ 水平上的等价类为 $\{x_1\}, \{x_2\}, \{x_3\}, \cdots, \{x_n\}$，各自独立成一类。

当取 $\lambda_2 = 0.65$ 时，聚类结果为 $\{x_1, x_{10}, x_{21}\}$，$\{x_2\}$，$\{x_{15}\}$，$\{x_{17}\}$，$\{x_{19}\}$，$\{x_{27}\}$，$\{x_{28}\}$，$\{x_3, x_4, x_5, x_6, x_7, x_8, x_9, x_{11}, x_{12}, x_{13}, x_{14}, x_{16}, x_{20}, x_{24}, x_{29}, x_{30}\}$，$\{x_{18}, x_{22}, x_{23}, x_{26}\}$。因此，在 $\lambda_2 = 0.65$ 水平上的等价类分为 9 类。

当 $\lambda_3 = 0.68$ 时，聚类结果为 $\{x_{19}\}$，$\{x_{27}\}$，$\{x_{28}\}$，$\{x_{15}, x_{18}, x_{22}, x_{23}, x_{26}\}$，$\{x_3, x_4, x_5, x_6, x_7, x_8, x_9, x_{11}, x_{12}, x_{13}, x_{14}, x_{16}, x_{20}, x_{24}, x_{29}, x_{30}\}$，$\{x_1, x_{10}, x_{21}\}$，因此，在 $\lambda_3 = 0.68$ 水平上的等价类分为 6 类。

当取 $\lambda_4 = 0.8$ 时，聚类结果为 $\{x_{19}\}$，$\{x_{27}\}$，$\{x_{28}\}$ 及剩余部分为一类。因此，在 $\lambda_4 = 0.8$ 水平上的等价类分为 4 类。

当取 $\lambda_5 = 1$ 时，论域 U 中所有的元素归为一类，计算终止。

四 综合评价

由图 11 - 1 可以看出，在 $\lambda = 0.68$ 时，$\{x_{19}\}$，$\{x_{27}\}$，$\{x_{28}\}$ 各自为一类污染级别；$\{x_{15}, x_{18}, x_{22}, x_{23}, x_{26}\}$ 接近程度较大，属于相似污染级别；$\{x_1, x_{10}, x_{21}\}$ 接近程度较大，属于相似污染级别；其他剩余的样本接近程度较大，属于相似污染级别。

另外，根据 λ 的不同取值范围，可以将电子产品检测单元有毒有害物质污染分为若干等级：

1 等：$0 \leqslant \lambda < 0.7$，包括除 x_{19}，x_{27}，x_{28} 以外的所有样本；

2 等：$0.7 \leqslant \lambda < 0.9$，包括 x_{27}；

3 等：$0.9 \leqslant \lambda < 1$，包括 x_{19}，x_{28}。

第三节 小结

本章首先介绍了模糊聚类法的基本原理及算法和步骤，然后结合废弃电子产品有毒有害物质评价指标体系应用模糊聚类建立分析模型，对废弃电子产品有毒有害物质进行综合评价，确定废弃电子产品的等级分类。

第十二章
废弃电子产品有毒有害物质分析
系统的设计与实现

本章在前面的理论和实验基础上，开发了废弃电子产品有毒有害物质污染评价研究的系统原型，结合中国质量认证中心电子产品检测数据进行了验证，效果较好。针对废弃电子产品有毒有害物质污染评价研究系统的建设问题进行了分析和研究，并采用面向对象的分析和设计方法为这个系统建立模型。采用统一建模语言(UML)完成了该系统的分析和设计，提出了3层体系结构的设计方案，结合所采用的开发工具 Matlab，给出了系统的实现方案。

第一节　系统分析

统一建模语言(Unified Modeling Language，UML) 是一种用于对软件密集型系统的制品进行可视化、详述、构造和文档化的图形语言。UML 给出了一种描绘系统蓝图的标准方法，其中既包括概念性的事物，如业务过程和系统功能，又包括具体的事物，如特定的编程语言编写的类、数据库模式和可复用的软件构件。UML 是由图和元模型组成的。图是 UML 的语法，元是 UML 的语义。UML 最主要的特点是表达能力丰富。因为它从各种 OOA&D 方法中吸取了大量的概念，并在"UML 语义""UML 表示法指南""对象约束语言规格说明"等 UML 文献中对这些概念的语义、图形表示法和使用规则做了完整而详细的定义。

基于上述优点，本章采用 UML 完成系统的分析和建模。

一　功能分析

废弃电子产品有毒有害物质污染评价研究系统所包含的业务功能主要有以下内容：

（1）原始数据标准化，对检测报告的原始数据进行标准化处理，使处理后的数据符合下一步业务处理的要求。

（2）主成分分析，对标准化数据进行主成分分析。

（3）模糊聚类分析，对标准化数据进行模糊聚类分析。

（4）输出结果，将主成分分析和模糊聚类分析的结果输出。

采用 UML 的用例图（Use Case Diagram）对系统的主要功能进行描述，如图 12 - 1 所示。

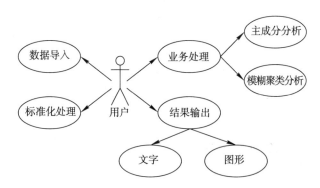

图 12 - 1　UML 系统用例

二 功能模块划分

系统主要分为三个模块，即数据处理模块、业务处理模块和输出模块，其中业务处理模块中包含两个子模块，分别为主成分分析模块和模糊聚类分析模块。

（一）数据处理模块

数据处理是系统进行模型分析的第一步。首先直接导入数据，一般为 Excel 文件；然后进行平移标准差变换和平移极差变换，判断变换后的数据是否在[0，1]区间内，若结果在区间内则进行下一步操作，若不在该区间内则再继续进行上述两种变换，直到符合区间要求为止，流程见图 12 - 2。

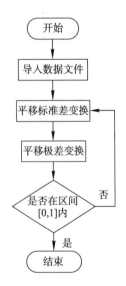

图 12 - 2　数据处理模块流程

（二）业务处理模块

1. 主成分分析模块

主成分分析模块主要参照主成分分析的基本算法和步

骤，即在进行数据标准化的基础上，首先计算相关系数矩阵
R，并计算其特征值和特征向量，然后应用 Matlab 求得方差
贡献率和累计贡献率，流程见图 12 - 3。

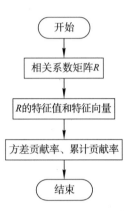

图 12 - 3　主成分分析模块流程

2. 模糊聚类分析模块

模糊聚类分析的基本步骤：首先进行数据标准化；然后
通过欧式距离法建立模糊相似矩阵；其次建立模糊等价矩
阵；最后进行聚类。流程见图 12 - 4。

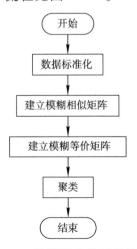

图 12 - 4　模糊聚类分析模块流程

（三）输出模块

输出模块的流程为：在前面进行数据标准化模块、主成分模块和模糊聚类模块处理后，通过 Matlab 程序输出废弃电子产品有毒有害物质分析评价的结果，主成分分析的帕累托图和模糊聚类分析的冰柱图。流程见图 12-5。

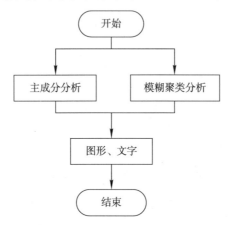

图 12-5　输出模块流程

第二节　系统设计

一　系统体系结构

系统采用 3 层结构：第一层数据导入和标准化处理，主要进行导入数据文件以及对其进行标准化；第二层进行业务处理，即对标准化后的数据进行主成分分析和模糊聚类分析；第三层输出最终结果，主成分分析的帕累托图和模糊聚类分析的冰柱图。如图 12-6 和图 12-7 所示。

图 12 – 6　系统体系结构

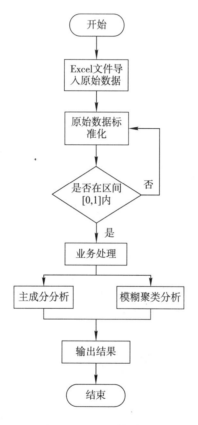

图 12 – 7　系统流程

二　系统功能设计

电子产品有毒有害物质分析系统主要有三大功能：数据管理、业务逻辑处理和输出管理。其中数据管理包含文件管理和标准化处理；业务逻辑处理包含主成分分析和聚类模糊分析两项子功能；输出管理包含图形输出和文字输出功能，如图 12 - 8 所示。

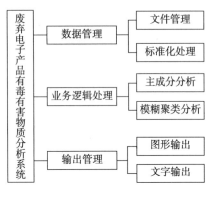

图 12 - 8 系统功能

第三节 系统实现

一 开发环境和工具

本系统采用 Matlab 作为客户端及应用服务器端程序的开发工具。客户端程序的开发采用的操作系统平台是 Microsoft Windows XP。

Matlab 统计工具箱几乎包括了数理统计方面的所有概念、理论、方法、算法及其实现，可以大大减轻计算工作量，同时 Matlab 强大的图形功能可以使概念、过程和结果直观地展现出来。Matlab 在矩阵处理方面的强大功能正好可以应用在电子产品有毒有害物质污染评价研究的数据处理和分析功能的实现上。

二 功能模块实现

（一） 数据处理模块

系统可直接导入 Excel 文件，对原始数据进行标准化处理，实现代码见附录 D。

电子产品有毒有害物质污染评价系统初始界面。

（二）业务处理模块

业务处理模块分为两个子模块：主成分分析模块和模糊聚类分析模块。导入原始数据进行标准化处理后，就可以对标准化数据进行业务逻辑处理，即进行主成分分析和模糊聚类分析。关键实现代码见附录 D。

（三）输出模块

原始数据在进行了前两个模块的处理后就可以输出最后的结果，输出内容分为文字和图形两部分。

文字输出：输出主成分分析和模糊聚类分析的分析结论。

图形输出：输出主成分分析的帕累托图和模糊聚类分析的冰柱图，如图 12 - 9 和图 12 - 10 所示。

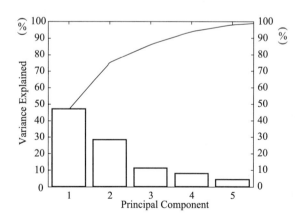

图 12 - 9　废弃电子产品有毒有害物质主成分分析

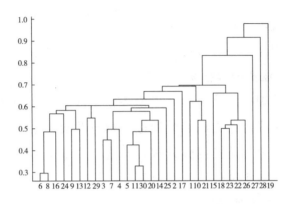

图12-10 废弃电子产品有毒有害物质模糊聚类分析

第四节 小结

本章在前几章的基础上对废弃电子产品有毒有害物质分析评价系统的功能模块、体系结构等进行了系统分析和设计，并应用 Matlab 实现功能模块，建立分析评价系统。

第十三章
结论与展望

本书以消费类电子产品为研究对象，从废弃电子产品资源化数量的预测、资源化的经济评价方法和有毒有害物质评价分析三个方面进行研究，试图揭示我国废弃电子产品资源化利用中存在的一些规律，主要研究结论如下。

根据废弃电子产品生命周期特点，从时间、地域、产品结构三个维度，采用基于时间序列模型、斯坦福模型、卡内基·梅隆模型、灰色模型、神经网络模型等多种预测模型，进行废弃电子产品保有量、废弃量、可资源量的预测；利用知识挖掘的方法，挖掘废弃电子产品中资源物种类、存在方式、含量，研究我国废弃电子产品中可资源物的分布特征；基于电子电器产品中资源物种类、分布特征与产品结构的关系模式，探明电子电器产品资源物时空分布规律，通过可视化界面方便、高效地对数据进行动态采集、编辑和管理。

针对废弃电子产品资源化的技术经济评价的影响因素，应用结构方程模型、CIPP 评价模式对废弃电子产品资源化的技术经济评价进行问题识别和必要性及可行性分析，进而形成废弃电子产品资源化的技术经济评价的形式化体系和概念设计，最终形成针对废弃电子产品资源化的技术经济评价指标体系，并应用评价模型，通过实例研究论证，完成了对废弃电子产品资源化的技术经济评价，以期为我国废弃电子产品资源化提供一些切实可行的技术经济评价研究。

提出了废弃电子产品有毒有害物质评价体系的概念，通过对其分析与研究，提出了废弃电子产品有毒有害物质评价体系的需求主体、影响因素和评价原则，从而建立了评价指标体系。运用主成分分析法对废弃电子产品有毒有害物质含量进行分析，确定出指标体系中对废弃电子产品影响最大的指标、因素，为政府、企业和消费者提供技术指导。运用模糊聚类分析法对废弃电子产品有毒有害物质进行分析，根据对不同废弃电子产品或废弃电子产品的不同组成元件的有毒有害物质含量分析，将其进行分级，为政府和生产企业提供预测信息。在此基础上设计并实验废弃电子产品有毒有害物质分析系统。

我国废弃电子产品资源化利用的产业化已经拥有强大的现实基础，对废旧物资的回收利用已成为企业获取原料、降低成本的重要途径之一。其中有色金属是电子废弃物回收利用中最有价值的产品之一，但其回收处理对环境的影响也最为严重，同时低水平的回收手段也严重降低了回收利用的资源效益。因此，不论从市场需求还是从公共利益的角度看都迫切需要对产业进行规范和引导。同时，我国目前在废弃电子产品资源化利用的产业化方面具有国际比较优势，废弃电子产品的拆解、分选都是劳动密集型的行业，我国可以提供充足的人力资源，随着我国电子产业的迅猛发展，国内废弃电子产品的回收利用必然成为与电子产业一起成长的新兴行业。希望各级政府能够从国民的长远利益出发，通过政府作为、公民意识和企业市场行为共同作用完善废弃电子产品资源化体系，从而使我国工业乃至经济更好地发展。

参考文献

[1] Spicer, A. J. & Johnson, M. R. , "Third-party Demanufacturing as a Solution for Extended Producer Responsibility" , *Journal of Cleaner Production* 12(1) ,2004.

[2] Stevels, A. L. N. , Ram, A. A. P. & Deckers E. , "Takeback of Discarded Consumer Electronic Products from Perspective of the Producer: Conditions for Success" , *Journal of Cleaner Production* 7(5) ,1999.

[3] Nagurney, A. & Toyasaki, F. , "Reverse Supply Chain Management and Electronic Waste Recycling: A Multitiered Network Equilibrium Framework of E-cycling" , *Transportation Research Part E: Logistics and Transportation Review* 41(1) ,2005.

[4] Bermúdez, J. D. , Segura, J. V. & Vercher, E. , "A Decision Support System Methodology for Forecasting of Time series Based on Soft Computing" , *Computational Statistics & Data Analysis* 51 (1) ,2006.

[5] Bertolini, M. , Bevilacqua, M. & Massini, R. , "FMECA Approach to Product Traceability in the Food Industry" , *Food Control* 17(2) ,2006.

[6] Caswell, J. A. , " Quality Assurance, Information Track-ing, and Consumer Labeling", *Marine Pollution Bulletin* 53 (10) ,2006.

[7] Hicks, C. , Dietmar, R. & Eugster, M. , " The Recycling and Disposal of Electrical and Electronic Waste in Chi-na—legislative and Market Responses", *Environmental Impact Assessment Review* 25 (5) ,2005.

[8] Cimino, M. et al. , Cerere: An information system support-ing Traceability in the Food Supply Chain, *E-Commerce Technology Workshops*, *Seventh IEEE International Con-ference on IEEE* ,2005.

[9] Côté, R. P. & Smolenaars, T. , " Supporting Pillars for In-dustrial Ecosystem", *Journal of Cleaner Production* 5 (1) ,1997.

[10] Sinha-Khetriwal, D. , Kraeuchi, P. & Schwaninger, M. , " A Comparison of Electronic Waste Recycling in Switz-erland and India", *Environmental Impact Assessment Re-view* 25 (5) ,2005.

[11] Lyons, D. I. , " A Spatial Analysis of Loop Closing among Recycling, Remanufacturing, and Waste Treatment Firms in Texas", *Journal of Industrial Ecology* 11 (1) ,2007.

[12] Garrido Campos, J. & Hardwick, M. , " A Traceability Information Model for CNC Manufacturing", *Computer-Aided Design* 38 (5) ,2006.

[13] Gottberg, A. et al. , " Producer Responsibility, Waste Mi-

nimisation and the WEEE Directive: Case Studies in Ecodesign from the European Lighting Sector", *Science of the total environment* 359(1 – 3),2006.

[14] Kang, H. Y. & Schoenung, J. M. , "Estimation of Future Outflows and Infrastructure Needed to Recycle Personal Computer Systems in California", *Journal of Hazardous Materials* 137(2),2006.

[15] Holffnann, J. E. , *Recovering Precious Metals Form Electronic Scrap*(JOM,1992).

[16] Jeffrey, B. et al. , "Modeling the Economic and Environmental Performance of Recycling Systems", in Proceedings of the IEEE International Symposium on Electronics & the Environment,2008.

[17] 福罗特、尼托、那尼:《德国关于电子电气设备的闭环供应链研究:一种生态效益计算方法》,《北京交通大学学报》(社会科学版)2007 年第 6 卷第 2 期。

[18] Brown, K. A. et al. "Economic Evaluation of PVC Waste Management", *Abingdon: AEA Technology*(6),2000.

[19] Kelleher, J. & Simonsson, M. , "Utilizing Use Case Classes for Requirement and Traceability Modeling", *Proceedings of the 17th IASTED International Conference on Modelling and Simulation*,2006.

[20] Kim, H. & Shin, K. , "A Hybrid Approach Based on Neural Networks and Genetic Algorithms for Detecting Temporal Patterns in Stock Markets", *Applied Soft Computing* 7(2),2007.

[21] Lambert, A. J. D. & Boons, F. A. , " Eco-industrial Parks: Stimulating Sustainable Development in Mixed Industrial Parks" ,*Technovation* 22 (8) ,2002.

[22] Marlin,D. & Olyarnik,K. , "Traceability and Scrap Reduction in Extruded Products" ,*Rubber Expo* 05 :168 *th Technical Meeting of the American Chemical Society, Rubber Division* 2005.

[23] Mirata,M. & Emtairah,T. , "Industrial Symbiosis Networks and the Contribution to Environmental Innovation: The Case of the Landskrona Industrial Symbiosis Programme ", *Journal of Cleaner Production* 13 (10) ,2005.

[24] Bartolomeo, M. et al. , " Eco-efficient Producer Services—What Are They, How Do They Benefit Customers and the Environment and How Likely Are They to Develop and Be Extensively Utilized?" ,*Journal of Cleaner Production* 11 (8) ,2003.

[25] MacCallum, R. C. & Austin, J. T. , " Applications of Structural Equation Modeling in Psychological Research" ,*Annual Review of Psychology* 51 (1) ,2000.

[26] Osibanjo,O. & Nnorom,I. C. , "Material Flows of Mobile Phones and Accessories in Nigeria: Environmental Implications and Sound End-of-life Management Options" ,*Environmental Impact Assessment Review* 28 (2) , 2008.

[27] Pinto,D. B. , Castro,I. & Vicente,A. A. , "The Use of

TIC's As a Managing Tool for Traceability in the Food Industry", *Food Research International* 39(7),2006.

[28] Ahluwalia, Poonam Khanijo & Arvind K. Nema, "A Life Cycle Based Multi-objective Optimization Model for the Management of Computer Waste", *Resources, Conservation and Recycling* 51(4),2007.

[29] Regattieri, A., M. Gamberi & R. Manzini, "Traceability of Food Products: General Framework and Experimental Evidence", *Journal of Food Engineering* 81(2),2007.

[30] RoHS 专题:《"中国 RoHS"加速本土电子产业绿色化进程》,《电子产品世界》2006 年第 11 期。

[31] I. Rojas et al., "Soft-computing Techniques and ARMA Model for Time Series Prediction", *Neurocomputing* 71 (4-6),2008.

[32] Stufflebeam, D. L., "A Depth Study of the Evaluation Requirement", *Theory into Practice* 5(3),2007.

[33] Thierry M. C. et al., "Strategic Issues in Product Recovery Management", *California Management Review* 37 (2),1995.

[34] Jenny Wirandi & Alexander Lauber, "Uncertainty and Traceable Calibration-how Modern Measurement Concepts Improve Product Quality in Process Industry", *Measurement: Journal of the International Measurement Confederation* 39(7),2006.

[35] Xianbing Liu, Masaru Tanaka & Yasuhiro Matsui, "Economic Evaluation of Optional Recycling Processes for

Waste Electronic Home Appliances", *Journal of Cleaner Production*(17),2009.

[36] Liu,X.,Tanaka,M.,& Matsui,Y.,"Generation Amount Prediction and Material Flow Analysis of Electronic waste:A Case Study in Beijing,China",*Waste Management & Research* 24(5),2006.

[37] Y. Barba – Gutiérrez, B. Adenso – Díaz & M. Hopp.,"An Analysis of Some Environmental Consequences of European Electrical and Electronic Waste Regulation",*Resources,Conservation and Recycling* 52(3),2008.

[38] 蔡晓明:《生态系统生态学》,科学出版社,2000。

[39] 陈翠华、倪师军、何彬彬、张成江、滕彦国:《江西德兴矿区土壤重金属污染的富集因子分析》,《金属矿山》2005 年第 12 期。

[40] 陈德清、黄长林:《机电产品绿色度综合评价系统研究与实现》,《华东电力》2003 年第 1 期。

[41] 陈光:《电子废弃物资源化产业化的前景看好》,《资源再生》2007 年第 9 期。

[42] 陈魁、姚从容:《电子废弃物的再循环利用:企业、政府与公众的角色和责任》,《再生资源研究》2006 年第 1 期。

[43] 程主林:《Matlab 软件在多元统计分析中的应用》,《数理统计与管理》2008 年第 2 期。

[44] 付大友、袁东:《聚类分析在土壤研究中的应用》,《四川理工学院学报》(自然科学版)2005 年第 2 期。

[45] 傅国华:《循环经济学》,中国林业出版社,2007。

[46] 付红娜、陈天佑:《模糊综合评判在武汉市空气质量评价中的应用》,《湖北大学学报》(自然科学版) 2007 年第 3 期。

[47] 傅江等:《江苏省电子废弃物资源化利用企业及管理现状》,《江苏技术师范学院学报》(自然科学版) 2009 年。

[48] 葛新权等:《有毒有害物质分析与预警信息系统的设计与实现》,《计算机应用研究》2007 年第 12 期。

[49] 葛新权、王斌:《应用统计》,社会科学文献出版社,2006。

[50] 葛亚军、金宜英、聂永丰:《电子废弃物回收管理现状与研究》,《环境科学与技术》2006 年第 3 期。

[51] 国家统计局:《中国统计年鉴》,中国统计出版社,2003—2009。

[52] 郜慧、金辉:《模糊综合评判法在沙坪河流域水质评价中的应用》,《人民珠江》2005 年第 6 期。

[53] 何德文、蒋柱武、李金香:《大气环境质量灰色聚类评价的研究》,《内蒙古环境保护》1998 年第 3 期。

[54] 何建洪:《技术经济学》,西南财经大学出版社,2009。

[55] 何晓群:《多元统计分析》,中国人民大学出版社,2004。

[56] 何亚群、段晨龙:《电子废弃物资源化处理》,化学工业出版社,2006。

[57] 侯杰泰、温忠麟:《结构方程模型及其应用》,教育科学出版社,2002。

[58] 胡大伟、卞新民、许泉:《基于 ANN 的土壤重金属分

布和污染评价研究》,《长江流域资源与环境》2006
年第 4 期。

[59] 胡习英、雷庆铎、成庆利:《基于 Matlab 的河流水质污染特征研究》,《水利渔业》2006 年第 4 期。

[60] 贾陈忠、秦巧燕、张竹清、黄丽华:《模糊数学在地表水环境质量评价中的应用》,《北方环境》2004 年第 6 期。

[61] 蒋兵、朱方伟:《后法国家消费电子企业核心关键技术发展路径研究》,《预测》2010 年第 1 期。

[62] 金涌、李有润、冯久田:《生态工业:原理与应用》,清华大学出版社,2003。

[63] 金志英、梁文、隋儒楠:《沈阳市电子废物产生量估算及管理对策》,《环境卫生工程》2006 年第 1 期。

[64] 敬加强、李良君、吕国邦、熊仁红、苏宏春:《用模糊物元法综合评价环境污染》,《西南石油学院学报》2000 年第 4 期。

[65] 兰文辉:《灰色聚类法在大气环境评价中的应用及与其他方法的比较》,《干旱环境监测》1995 年第 3 期。

[66] 蓝英、朱庆华:《用户废旧家电处置行为意向影响因素分析及实证研究》,《预测》2009 年第 1 期。

[67] 乐励华、温荣生、朱辉:《基于 RBF 神经网络的股市预测及 Matlab 实现》,《科技情报开发与经济》2008 年第 30 期。

[68] 雷兆武、杨高英、刘苿等:《我国电子废弃物收集体系构想》,《环境科学与管理》2006 年第 7 期。

[69] 李洁:《BP 网络算法及在 Matlab 上的程序仿真》,《西

安航空技术高等专科学校学报》2009 年第 27 期第 1 版。

[70] 李强、汤俊芳、钟书华:《生态工业园的微观经济价值分析》,《经济问题探索》2006 年第 8 期。

[71] 李锐、向书坚:《我国时间序列分析研究工作综述》,《统计教育》2006 年第 7 期。

[72] 梁晓辉、李光明:《中国电子产品废弃量预测》,《环境污染与防止》2009 年第 7 期。

[73] 林逢春、王钰:《中国废旧电脑产量预测及对策研究》,《上海环境科学》2003 年第 7 期。

[74] 刘邦凡、牛玉根、王冬梅:《论我国电子废弃物资源化障碍的产生及其原因》,《生态经济》(学术版)2009 年第 2 期。

[75] 刘博洋:《废旧电子材料回收过程的研究与评价》,天津大学,2007。

[76] 刘博洋:《废旧电子材料回收利用现状及发展展望》,《再生资源研究》2007 年第 2 期。

[77] 刘冰、梅光军:《在电子废弃物管理中生产者责任延伸制度探讨》,《中国人口资源与环境》2006 年第 2 期。

[78] 刘家顺等:《技术经济学》,机械工业出版社,2006。

[79] 刘劲松:《数据挖掘中的现代时间序列分析方法》,《信息技术》2007 年第 7 期。

[80] 刘瑞年:《汽车销售预测模型应用研究》,武汉理工大学,2009。

[81] 刘铁柱:《废旧电子电器产品回收处理体系研究》,天

津理工大学,2006。

[82] 刘宪兵、胥树凡:《中日废旧家电管理比较及建议》,《有色金属再生与利用》2006 年第 3 期。

[83] 刘小丽、杨建新、王如松:《中国主要电子废物产生量估算》,《中国人口资源与环境》2005 年第 15 卷第 5 期。

[84] 刘妍、魏哲:《企业应对欧盟 RoHS 指令和中国〈电子信息产品污染控制管理办法〉的解决方案》,《信息技术与标准化》2007 年第 1 期。

[85] 刘英平、林志贵、沈祖诒:《基于改进的数据包络分析模型的绿色产品评价研究》,《中国机械工程》2005 年第 20 期。

[86] 刘宇:《顾客满意度测评》,社会科学文献出版社,2003。

[87] 刘志峰、王淑旺、万举勇:《基于模糊物元的绿色产品评价方法》,《中国机械工程》2007 年第 2 期。

[88] 卢方元:《试论经济预测精度问题》,《经济师》2000 年第 11 期。

[89] 鲁奇等:《基于全生命周期理论的建筑部品绿色度评价指标的选择》,《工程建设》2006 年第 8 期。

[90] 罗定贵、王学军、后立胜:《模糊综合评价——聚类复合模型在地下水质评价与区分中的应用》,《地理与地理信息科学》2003 年第 6 期。

[91] 罗乐娟、竺宏亮:《废旧家电逆向物流的激励机制研究》,《物流技术》2004 年第 11 期。

[92] 罗齐汉等:《用 Fuzzy –AHP 方法对点线啮合齿轮绿

色度的评价》,《机械工程师》2005 年第 11 期。

[93] 罗宇、陈亮等:《我国废弃电子电器产品的回收体系研究》,《再生资源研究》2006 年第 1 期。

[94] 吕庆华、杨永超:《论电子产品逆向物流运营新模式》,《山西财经大学学报》2007 年第 29 期。

[95] 毛艺萍:《统计预测模型的算法研究及新发》,暨南大学,2006。

[96] 孟娜、周以齐:《基于 Matlab 的时序数据两种建模和预测方法比较》,《山东农业大学学报》2006 年第 37 期第 3 版。

[97] 牛冬节、马俊伟、赵由才:《电子废弃物的处置与资源化》,冶金工业出版社,2007。

[98] 潘大志、张焱、李成柱、孙海:《土壤重金属污染评价的模糊识别模型的建立和应用》,《西南师范大学学报》(自然科学版)2007 年第 3 期。

[99] 蒲春、孙政顺、赵世敏:《Matlab 神经网络工具箱BP 算法比较》,《计算机仿真》2006 年第 23 卷第 5 期。

[100] 石晓翠、熊建新:《模糊数学模型在土壤重金属污染评价中的应用》,《天津农业科学》2005 年第 3 期。

[101] 宋旭、周世俊:《基于专家"估计"模型的河南省电子废弃物量化分析》,《河南科学》2007 年第 25 卷第 3 期。

[102] 苏庆华:《面向机电产品设计的产品绿色度评价系统的研究与实现》,硕士学位论文,浙江大学,2003。

[103] 孙海梁、王秋菁:《机电产品的绿色度评价探析》,

《机电产品开发与创新》2003 年第 6 期。

[104] 孙静、葛新权:《废弃电子产品回收定价策略研究》，《北京信息科技大学学报》2009 年第 3 期。

[105] 孙居文、曹颖、王训、刘艳艳、王黎虹:《用二级模糊评判模型评价环境质量状况》，《中国环境监测》2000 年第 2 期。

[106] 唐建荣:《生态经济学》，化学工业出版社,2005。

[107] 陶建宏等:《基于 LCIA 的产品绿色度评价方法及应用》，《软科学》2005 年第 19 卷第 3 期。

[108] 童昕:《电子废弃物资源化利用的现状及发展》，《科学导报》2002 年第 8 期。

[109] 陶建宏等:《基于 LCIA 的产品绿色度评价方法及应用》，《软科学》2005 年第 19 卷第 3 期。

[110] 王海锋、段晨龙、温雪峰等:《电子废弃物资源化处理现状及研究》，《中国资源综合利用》2004 年第 4 期。

[111] 王虹、叶逊:《生态工业园中企业的动力机制分析》，《环境保护》2005 年第 7 期。

[112] 王玲等:《无铅焊接技术最新进展及评述》，《电子元件与材料》2006 年第 11 期。

[113] 王松林、廖利等:《我国废弃电子产品回收体系研究》，《中国资源综合利用》2005 年第 5 期。

[114] 王涛等:《电子产品中有毒有害物质评价分析》，《环境工程》2008 年第 6 期。

[115] 王新兰:《模糊聚类法在河流污染分析中的应用》，《黑龙江环境通报》2006 年第 2 期。

[116] 王一宁:《电子废弃物回收网络体系研究》,东华大学,2007。

[117] 王勇等:《电子垃圾污染的防治对策》,《电子产品可靠性与环境试验》2006 年第 6 期。

[118] 王有乐、杨艳丽、张培栋、马建华:《开封市交通噪声环境质量二级模糊综合评价》,《中国环境监测》2007 年第 4 期。

[119] 王兆华、尹建华:《生态工业园中工业共生网络运作模式研究》,《中国软科学》2005 年第 2 期。

[120] 魏海坤:《神经网络结构设计的理论与方法》,国防工业出版社,2005。

[121] 魏洁、李军:《EPR 下的逆向物流回收模式选择研究》,《中国管理科学》2005 年第 13 卷第 6 期。

[122] 魏新军:《北京市电子废弃物回收物流体系系统研究》,北京物资学院,2005。

[123] 夏云兰等:《我国电子类产品逆向物流的模式及其选择研究》,《物流技术》2007 年第 8 期。

[124] 夏志东等:《电子电气产品的循环经济战略及工程》,科学出版社,2007。

[125] 向东:《绿色产品生命周期分析工具开发研究》,《中国机械工程》2002 年第 10 期。

[126] 谢贤平、赵玉:《用改进灰色聚类法综合评价土壤重金属污染》,《矿冶》1996 年第 3 期。

[127] 邢爱国、胡厚田、王仰让:《大气环境质量评价的灰色聚类法》,《环境保护科学》1999 年第 4 期。

[128] 许民利、刘嘉:《废旧家电产品逆向物流模式研究》,

《生态经济》2007 年第 4 期。

[129] 徐振发:《电子废弃物处理系统生态绩效评价研究》,大连理工大学,2006。

[130] 闫学斌:《电子废弃物回收利用与循环经济》,《中国商贸》2009 年第 9 期。

[131] 杨操静、郭小砾、刘红云、谭杰:《基于熵权的水质模糊综合评价》,《地下水》2006 年第 1 期。

[132] 伊元荣、海米提·依米提、艾尼瓦尔·买买提、胡小韦:《基于灰色聚类法的乌鲁木齐市空气质量状况研究》,《水土保持研究》2007 年第 6 期。

[133] 殷淑华、段虹:《基于双权重因子的水质评价模糊综合模型》,《中国农村水利水电》2005 年第 8 期。

[134] 袁增伟:《生态产业共生网络形成机理及其系统解析框架》,《生态学报》2007 年第 27 期。

[135] 岳子明、李晓秀、高晓晶:《北京通州区土壤环境质量模糊综合评价》,《农业环境科学学报》2007 年第 4 期。

[136] 张健、葛新权、杨旸:《电子电气产品的污染结构表征模型研究》,《北京信息科技大学学报》2009 年第 9 期。

[137] 张健、徐峰等:《WEEE 资源化共生网络收益分析》,《生态经济》2009 年第 7 期。

[138] 张健、张小栓、胡涛:《水产品价格预测模型方法》,社会科学文献出版社,2009。

[139] 张景波:《国外废旧电子信息产品污染防治状况简介》,《标准化研究》2004 年第 8 期。

[140] 张可仪:《非平稳时间序列建模与预报在供水管网水量预测中的而应用研究》,机械科学研究总

院,2007。

[141] 张磊、郑丕谔:《组合预测分析方法及其在物资运输管理中的应用》,《工业工程》2007 年第 10 卷第 3 期。

[142] 张默、石磊:《我国彩色电视机废弃量预测模型对比》,《环境与可持续发展》2007 年第 5 期。

[143] 张五常:《经济解释》,商务印书馆,2000。

[144] 张翔、谭德庆、苏浩:《基于消费者类型的耐用品销售定价研究》,《预测》2010 年第 3 期。

[145] 张雪平等:《基于层次灰色关联的产品绿色度评价研究》,《中国电机工程学报》2005 年第 9 期。

[146] 郑良楷等:《电子垃圾拆解区儿童铅污染现状调查》,《汕头大学医学院学报》2006 年第 4 期。

[147] 周开利、康耀红:《神经网络模型及其 Matlab 仿真程序设计》,清华大学出版社,2006。

[148] 周珊珊、施云燕:《基于 GM(1,1) 的组合灰色模型预测软基沉降》,《上海地质》,2008。

[149] 朱青、周生路、孙兆金、王国梁:《两种模糊数学模型在土壤重金属综合污染评价中的应用与比较》,《环境保护科学》2004 年第 123 期。

[150] 祖旭宇、李元、Christian Schvartz:《蔬菜及土壤的铅、镉、铜和锌污染及评价方法初探》,《云南农业大学学报》2004 年第 4 期。

附　录

附录A　影响废弃电子产品资源化企业的
企业满意度的调查问卷

尊敬的女士/先生：

您好！

非常感谢您在百忙之中接受我们的调查，您的帮助将为我们的研究提供有力的支持。我们是北京信息科技大学国家自然科学基金项目"废弃电子产品资源化共生网络治理研究"课题组的成员。本次调查的目的是想了解目前废弃电子产品资源化过程中相关内容对废弃电子产品资源化企业满意度的影响，本次问卷调查不记名，所收集的信息仅用于学术研究，不参与任何商业活动，我们将对您提供的数据予以保密，所以请您放心做答。

答案没有对错之分，请把您最认同的数字用"√"标示出来。每个选项后的数字代表您相应的同意程度，"1"至"5"所代表的同意程度如下：

| 1. 很不同意 | 2. 不太同意 | 3. 一般 | 4. 比较同意 | 5. 非常同意 |

一、关于废弃电子产品资源化产生的经济效益对企业满意度的影响程度调查

经济效益是资金占用、成本支出与有用生产成果的比较。

1. 企业十分关注投资回收期、投入产出率。

1. 很不同意	2. 不太同意	3. 一般	4. 比较同意	5. 非常同意

2. 企业十分关注不同种类的废弃电子产品资源化带来的资源回收率、收益。

1. 很不同意	2. 不太同意	3. 一般	4. 比较同意	5. 非常同意

3. 企业关注净利润的高低。

1. 很不同意	2. 不太同意	3. 一般	4. 比较同意	5. 非常同意

4. 企业特别关注其财务状况及财务评价。

1. 很不同意	2. 不太同意	3. 一般	4. 比较同意	5. 非常同意

二、关于废弃电子产品资源化产生的环境效益对企业满意度的影响程度调查

环境生态效益是对人类社会活动的环境生态后果的衡量，即废弃电子产品资源化企业处理废弃电子产品对生态环境产生的影响。

5. 能够减少废弃电子产品对环境的污染，保护环境。

| 1. 很不同意 | 2. 不太同意 | 3. 一般 | 4. 比较同意 | 5. 非常同意 |

6. 能够减少生态破坏，利于生态平衡。

| 1. 很不同意 | 2. 不太同意 | 3. 一般 | 4. 比较同意 | 5. 非常同意 |

7. 废弃电子产品资源化处理后，防止污染，间接减少对人类身体健康的危害。

| 1. 很不同意 | 2. 不太同意 | 3. 一般 | 4. 比较同意 | 5. 非常同意 |

三、关于废弃电子产品资源化产生的资源效益对企业满意度的影响程度调查

资源效益是让有限的资源得到节约、保护和合理利用，不低于开发资源的成本。

8. 能够回收大量的塑料、玻璃、金属等资源。

| 1. 很不同意 | 2. 不太同意 | 3. 一般 | 4. 比较同意 | 5. 非常同意 |

9. 能够保护、节约资源，切实有效地"变废为宝"，避免资源的浪费和流失。

| 1. 很不同意 | 2. 不太同意 | 3. 一般 | 4. 比较同意 | 5. 非常同意 |

10. 能够达到合理利用资源的目的，为循环经济和可持续发展服务。

| 1. 很不同意 | 2. 不太同意 | 3. 一般 | 4. 比较同意 | 5. 非常同意 |

四、关于废弃电子产品资源化产生的社会效益对企业满意度的影响程度调查

社会效益是指废弃电子产品资源化企业为社会所做的贡献。

11．能够为社会创造就业岗位，提高就业率。

1．很不同意	2．不太同意	3．一般	4．比较同意	5．非常同意

12．能够提高行业综合效益，推动行业发展。

1．很不同意	2．不太同意	3．一般	4．比较同意	5．非常同意

13．能够改善和提高人们的生活环境水平。

1．很不同意	2．不太同意	3．一般	4．比较同意	5．非常同意

14．能够为研究机构进行理论研究和技术水平研究提供实践的平台。

1．很不同意	2．不太同意	3．一般	4．比较同意	5．非常同意

五、关于废弃电子产品资源化采用的技术水平对企业满意度的影响程度调查

15．能够不断促进研发废弃电子产品资源化的新技术。

1．很不同意	2．不太同意	3．一般	4．比较同意	5．非常同意

16．能够不断推动科技进步。

| 1. 很不同意 | 2. 不太同意 | 3. 一般 | 4. 比较同意 | 5. 非常同意 |

17. 废弃电子产品资源化处理技术的可行性、可靠性、先进性、使用性及选择性。

| 1. 很不同意 | 2. 不太同意 | 3. 一般 | 4. 比较同意 | 5. 非常同意 |

六、从废弃电子产品资源化企业自身出发对企业满意度影响的因素调查

18. 随着政府部门的关注和支持以及科学技术水平的不断提高，越来越多的废弃电子产品资源化企业具有持续进行废弃电子产品资源化处理的意愿。

| 1. 很不同意 | 2. 不太同意 | 3. 一般 | 4. 比较同意 | 5. 非常同意 |

19. 当今许多废弃电子产品资源化企业具有不断发展废弃电子产品资源化行业的决心。

| 1. 很不同意 | 2. 不太同意 | 3. 一般 | 4. 比较同意 | 5. 非常同意 |

20. 其他因素也会影响废弃电子产品资源化的开展，如废弃电子产品回收率、政府扶持基金等。

| 1. 很不同意 | 2. 不太同意 | 3. 一般 | 4. 比较同意 | 5. 非常同意 |

附录 B CIPP 评价模式下废弃电子产品资源化的技术经济评价具体指标

1. 具体指标评价。

请您对废弃电子产品资源化进行技术评价：即在废弃电子产品资源化过程中下面指标带来的满意度。1~2分为很不满意，3~4分为不满意，5~6分为基本满意，7~8分为满意，9~10分为很满意，请在下表圈出一个数字表示您的满意程度。

评价项目	具体项目	很不满意	不满意	一般	满意	很满意
a 背景环境评价	a11 = E – waste 资源化的指导思想	1~2	3~4	5~6	7~8	9~10
	a12 = 生态环境保护的需求	1~2	3~4	5~6	7~8	9~10
	a13 = E – waste 资源化行业自身发展	1~2	3~4	5~6	7~8	9~10
b 输入评价	b21 = 资金技术支持	1~2	3~4	5~6	7~8	9~10
	b22 = 基础设施建设	1~2	3~4	5~6	7~8	9~10
	b23 = 组织机构管理情况	1~2	3~4	5~6	7~8	9~10
	b24 = 资源化技术支持	1~2	3~4	5~6	7~8	9~10
c 过程评价	c31 = 废弃电子产品的回收情况	1~2	3~4	5~6	7~8	9~10
	c32 = 资源的利用情况	1~2	3~4	5~6	7~8	9~10
	c33 = 技术水平应用情况	1~2	3~4	5~6	7~8	9~10
	c34 = 废弃电子产品资源化整个进程管理状况	1~2	3~4	5~6	7~8	9~10
	c35 = 质量控制评价	1~2	3~4	5~6	7~8	9~10

评价项目	具体项目	很不满意	不满意	一般	满意	很满意
d 成果评价	d41 = 废弃电子产品资源化带来的经济价值	1 ~ 2	3 ~ 4	5 ~ 6	7 ~ 8	9 ~ 10
	d42 = 废弃电子产品资源化带来的社会价值	1 ~ 2	3 ~ 4	5 ~ 6	7 ~ 8	9 ~ 10
	d43 = 电子废弃物资源化带来的生态环境价值	1 ~ 2	3 ~ 4	5 ~ 6	7 ~ 8	9 ~ 10

注：数据分析时，把表中各个调查结果汇总。

2. 指标重要度评价

请按照您认为重要程度进行排序，序号为 1 至 5，1 为最重要的指标，5 为最不重要的指标。

具体指标	重要程度排序
背景环境评价	
输入评价	
过程评价	
成果评价	

附录 C 模糊相似矩阵

表 C1 模糊相似矩阵 R 第 1 ~ 10 列

1	0.4271	0.69807	0.60301	0.50587	0.61393	0.63587	0.64228	0.43832	0.59001
0.4271	1	0.49667	0.36836	0.56189	0.59837	0.44625	0.56043	0.69385	0.67177
0.69807	0.49667	1	0.74297	0.66231	0.65128	0.80229	0.65603	0.58339	0.5639
0.60301	0.36836	0.74297	1	0.62187	0.65112	0.79147	0.62315	0.39459	0.38228
0.50587	0.56189	0.66231	0.62187	1	0.62546	0.70558	0.57803	0.5537	0.56951
0.61393	0.59837	0.65128	0.65112	0.62546	1	0.59438	0.87356	0.57419	0.57186
0.63587	0.44625	0.80229	0.79147	0.70558	0.59438	1	0.57593	0.45464	0.47791
0.64228	0.56043	0.65603	0.62315	0.57803	0.87356	0.57593	1	0.59008	0.5925
0.43832	0.69385	0.58399	0.39459	0.5537	0.57419	0.45464	0.59008	1	0.68065
0.59001	0.67177	0.5639	0.38228	0.56951	0.57186	0.47791	0.5925	0.68065	1
0.48317	0.68135	0.65657	0.59207	0.75261	0.62972	0.68379	0.55952	0.58544	0.54066
0.43366	0.5411	0.69502	0.56586	0.69794	0.55025	0.64803	0.55207	0.67614	0.51639
0.4723	0.72702	0.56237	0.44997	0.59435	0.70742	0.47778	0.72852	0.77745	0.6761
0.47818	0.64803	0.66133	0.61694	0.62576	0.69843	0.63752	0.66356	0.62117	0.49349
0.45948	0.58852	0.58067	0.49319	0.53431	0.4876	0.62835	0.46514	0.48086	0.46131
0.66437	0.46774	0.63417	0.64299	0.53968	0.83058	0.54848	0.81483	0.49227	0.52459
0.433	0.40316	0.64552	0.4887	0.62706	0.44889	0.57542	0.48168	0.60183	0.51691
0.57298	0.56334	0.46502	0.4494	0.45648	0.59065	0.49601	0.54454	0.35826	0.50301
0.2849	0.50728	0.38886	0.4454	0.45257	0.50863	0.44386	0.41044	0.31832	0.26774
0.56375	0.5315	0.61044	0.60212	0.8062	0.59964	0.71265	0.55666	0.44575	0.56456
0.75988	0.60173	0.71783	0.53218	0.62524	0.62452	0.63698	0.64226	0.6175	0.80275
0.64365	0.49067	0.54424	0.5093	0.48937	0.5671	0.54557	0.49972	0.35715	0.49775
0.58077	0.5269	0.5691	0.56358	0.47763	0.58456	0.61377	0.54204	0.37949	0.43522
0.4966	0.52122	0.54457	0.50145	0.49198	0.73039	0.46204	0.8234	0.59477	0.53022
0.57457	0.65772	0.75607	0.56518	0.65155	0.63623	0.66134	0.65923	0.75936	0.66163

续表

0. 63205	0. 45764	0. 52035	0. 48257	0. 48662	0. 48877	0. 60065	0. 48203	0. 32361	0. 50141
0. 60127	0. 50833	0. 46373	0. 38885	0. 33906	0. 60854	0. 39517	0. 6655	0. 44686	0. 54536
0. 58517	0. 43285	0. 43441	0. 30484	0. 45701	0. 39868	0. 4292	0. 41725	0. 37337	0. 67679
0. 40337	0. 56893	0. 59525	0. 53029	0. 58622	0. 62459	0. 54862	0. 64861	0. 65816	0. 48154
0. 47365	0. 59389	0. 66665	0. 6445	0. 80073	0. 64692	0. 68705	0. 56295	0. 55293	0. 49853

表 C2　模糊相似矩阵 R 第 11 ~ 20 列

0. 48317	0. 43366	0. 4723	0. 47818	0. 45948	0. 66437	0. 433	0. 57298	0. 2849	0. 56375
0. 68135	0. 5411	0. 72702	0. 64803	0. 58852	0. 46774	0. 40316	0. 56334	0. 50728	0. 5315
0. 65657	0. 69502	0. 56237	0. 66133	0. 58067	0. 63417	0. 64552	0. 46502	0. 38886	0. 61044
0. 59207	0. 56586	0. 44997	0. 61694	0. 49319	0. 64299	0. 4887	0. 4494	0. 4454	0. 60212
0. 75261	0. 69794	0. 59435	0. 62576	0. 53431	0. 53968	0. 62706	0. 45648	0. 45257	0. 8062
0. 62972	0. 55025	0. 70742	0. 69843	0. 4876	0. 83058	0. 44889	0. 59065	0. 50863	0. 59964
0. 68379	0. 64803	0. 47778	0. 63752	0. 62835	0. 54848	0. 57542	0. 49601	0. 44386	0. 71265
0. 55952	0. 55207	0. 72852	0. 66356	0. 46514	0. 81483	0. 48168	0. 54454	0. 41044	0. 55666
0. 58544	0. 67614	0. 77745	0. 62117	0. 48086	0. 49227	0. 60183	0. 35826	0. 31832	0. 44575
0. 54066	0. 51639	0. 6761	0. 49349	0. 46131	0. 52459	0. 51691	0. 50301	0. 26774	0. 56456
1	0. 68418	0. 60111	0. 76373	0. 70966	0. 50654	0. 5083	0. 55077	0. 6394	0. 69362
0. 68418	1	0. 62933	0. 70293	0. 57723	0. 45778	0. 76528	0. 32562	0. 38027	0. 55954
0. 60111	0. 62933	1	0. 67992	0. 49064	0. 58895	0. 5322	0. 4635	0. 39824	0. 52308
0. 76373	0. 70293	0. 67992	1	0. 69354	0. 55923	0. 49857	0. 51814	0. 62013	0. 56295
0. 70966	0. 57723	0. 49064	0. 69354	1	0. 36952	0. 40871	0. 55982	0. 55829	0. 55883
0. 50654	0. 45778	0. 58895	0. 55923	0. 36952	1	0. 40949	0. 51652	0. 38	0. 52085
0. 5083	0. 76528	0. 5322	0. 49857	0. 40871	0. 40949	1	0. 21237	0. 17582	0. 50151
0. 55077	0. 32562	0. 4635	0. 51814	0. 55982	0. 51652	0. 21237	1	0. 53781	0. 57265
0. 6394	0. 38027	0. 39824	0. 62013	0. 55829	0. 38	0. 17582	0. 53781	1	0. 45647
0. 69362	0. 55954	0. 52308	0. 56295	0. 55883	0. 52085	0. 50151	0. 57265	0. 45647	1
0. 60224	0. 56416	0. 61244	0. 55162	0. 54637	0. 60169	0. 56043	0. 56875	0. 32365	0. 64571
0. 56187	0. 33532	0. 3926	0. 46449	0. 48468	0. 55955	0. 25371	0. 71565	0. 47402	0. 56767

0. 62511	0. 42012	0. 44576	0. 62842	0. 7059	0. 50424	0. 27712	0. 76484	0. 61434	0. 55714
0. 47089	0. 53587	0. 75888	0. 62299	0. 40193	0. 65992	0. 46665	0. 42266	0. 33034	0. 44783
0. 69791	0. 78782	0. 72242	0. 7474	0. 66517	0. 54509	0. 67179	0. 47105	0. 40918	0. 58351
0. 52372	0. 37051	0. 39748	0. 46936	0. 60874	0. 43234	0. 30322	0. 72584	0. 39481	0. 64073
0. 39215	0. 32633	0. 55923	0. 48934	0. 43052	0. 5788	0. 2558	0. 61928	0. 31084	0. 39174
0. 38789	0. 31782	0. 40481	0. 29654	0. 36487	0. 38354	0. 35748	0. 49412	0. 14218	0. 45117
0. 61268	0. 75267	0. 73141	0. 77813	0. 55514	0. 50046	0. 58777	0. 36836	0. 42611	0. 49174
0. 85829	0. 67694	0. 5696	0. 7079	0. 58329	0. 5488	0. 52739	0. 48204	0. 59564	0. 6891

表 C3　模糊相似矩阵 R 第 21～30 列

0. 75998	0. 64365	0. 58077	0. 4966	0. 57457	0. 63205	0. 60127	0. 58517	0. 40337	0. 47365
0. 60173	0. 49067	0. 5269	0. 52122	0. 65772	0. 45764	0. 50833	0. 43285	0. 56893	0. 59389
0. 71783	0. 54424	0. 5691	0. 54457	0. 75607	0. 52035	0. 46373	0. 43441	0. 59525	0. 66665
0. 53218	0. 5093	0. 56358	0. 50145	0. 56518	0. 48257	0. 38885	0. 30484	0. 53029	0. 6445
0. 62524	0. 48937	0. 47763	0. 49198	0. 65155	0. 48662	0. 33906	0. 45701	0. 58622	0. 80073
0. 62452	0. 5671	0. 58456	0. 73079	0. 63623	0. 48877	0. 60854	0. 39868	0. 62459	0. 64692
0. 63698	0. 54557	0. 61377	0. 46204	0. 66134	0. 60065	0. 39517	0. 4292	0. 54862	0. 68705
0. 64226	0. 49972	0. 54204	0. 8234	0. 65923	0. 48203	0. 6655	0. 41725	0. 64861	0. 56295
0. 6175	0. 35715	0. 37949	0. 59477	0. 75946	0. 32361	0. 44686	0. 37337	0. 65816	0. 55293
0. 80275	0. 49775	0. 43522	0. 53022	0. 66163	0. 50141	0. 54536	0. 67679	0. 48154	0. 49853
0. 60224	0. 56187	0. 62511	0. 47089	0. 69791	0. 52372	0. 39215	0. 38789	0. 61268	0. 85829
0. 56416	0. 33532	0. 42012	0. 53587	0. 78782	0. 37051	0. 32633	0. 31782	0. 75267	0. 67694
0. 61244	0. 3926	0. 44576	0. 75888	0. 72242	0. 39748	0. 55923	0. 40481	0. 73141	0. 5696
0. 55162	0. 46449	0. 62842	0. 62299	0. 7474	0. 46936	0. 48934	0. 29654	0. 77813	0. 7079
0. 54637	0. 48468	0. 7059	0. 40193	0. 66517	0. 60874	0. 43052	0. 36487	0. 55514	0. 58329
0. 60169	0. 55955	0. 50424	0. 65992	0. 54509	0. 43234	0. 5788	0. 38354	0. 50046	0. 5488
0. 56043	0. 25371	0. 27712	0. 46665	0. 67179	0. 30322	0. 2558	0. 35748	0. 58777	0. 52739
0. 56875	0. 71565	0. 76484	0. 42266	0. 47105	0. 72584	0. 61928	0. 49412	0. 36836	0. 48204
0. 32365	0. 47402	0. 61434	0. 33034	0. 40918	0. 39481	0. 31084	0. 14218	0. 42611	0. 59564

0.64571	0.56767	0.55714	0.44783	0.58351	0.64073	0.39174	0.56117	0.49174	0.6891
1	0.61168	0.55404	0.5306	0.71657	0.6198	0.57173	0.68806	0.49927	0.56806
0.61168	1	0.67546	0.33576	0.45563	0.61984	0.47981	0.48815	0.29648	0.54435
0.55404	0.67546	1	0.42358	0.54671	0.70654	0.55904	0.38723	0.44532	0.54678
0.5306	0.33576	0.42358	1	0.62206	0.36822	0.615	0.32327	0.70395	0.46256
0.71657	0.45563	0.54671	0.62206	1	0.50216	0.51425	0.4476	0.7394	0.64022
0.6198	0.61984	0.70654	0.36822	0.50216	1	0.52952	0.60114	0.3595	0.4497
0.57173	0.47981	0.55904	0.615	0.51425	0.52952	1	0.43998	0.43892	0.33471
0.68806	0.48815	0.38723	0.32327	0.4475	0.60114	0.43998	1	0.26092	0.34586
0.49927	0.29648	0.44532	0.70395	0.7394	0.3595	0.43892	0.26092	1	0.5829
0.56806	0.54435	0.54678	0.46256	0.64022	0.4497	0.33471	0.34586	0.5829	1

附录 D　主成分分析和模糊聚类分析程序

file = 'd:\data. xls'; % 导入 excel 文件的路径

[status, sheetNames] = xlsfinfo(file)

Y = xlsread(file); % 将原始数据导入到矩阵 Y

原始数据标准化的代码实现:

Z = zscore(Y); % 对矩阵 Y 进行标准化, 即平移标准差变换

X = (Z − ones(30,1) * min(Z)). / (ones(30,1) * max(Z) − ones(30,1) * min(Z));

% 所得数据不在 [0,1] 上, 继续进行平移极差变换, 并消除量纲影响

R = (X' * X)/5; % 计算样本相关系数矩阵 R

[V,D] = eig(R); % 计算计算样本相关系数矩阵 R 的特征值和特征向量

[pcs, newdata, variances, t2] = princomp(X)

% 计算方差贡献率和累积方差贡献率确定主分量, 寻找主成分, pcs 主成分, newdata 主成分得分, variances 主成分方差, t2 检验

percent_explained = 100 * variances/sum(variances);

% 主成分方差百分数, 并用 pareto 图表示

pareto(percent_explained)

xlabel('Principal Component') % x 轴表示各主成分

ylabel('Variance Explained(%)') % y 轴表示方差贡献率

Y = pdist(X, 'Euclid'); % 采用欧式距离的方法进行标定

```
Y = squareform(Y);
Y = ones(30,30) - 0.45 * Y;  % 建立模糊相似矩阵 Y
R = myfun(Y);  % myfun 为编写的褶积函数
R4 = myfun(R);
R8 = myfun(R4);
R16 = myfun(R8);
r = R16;  % 建立模糊等价矩阵 R
R = pdist(r);
Z = linkage(R);  % 创建系统聚类树
C = cophenet(Z,R);  % 计算 Cophenetic 相关系数
dendrogram(Z)  % 显示聚类分析的冰柱图
I = inconsistent(Z)  % 计算聚类树的不连续系数
T = cluster(Z,0.9)  % 根据 linkage 函数的输出创建聚类
T = cluster(Z,0.7)
T = cluster(Z,1)
T = clusterdata(Z,1)  % 根据数据创建分类
```

另外,褶积函数 myfun 的代码实现:

```
function R = myfun(Y)  % 定义功能函数名
for i = 1:30
    for j = 1:30
        for k = 1:30
            l(k) = min(Y(i,k),Y(k,j));  % 进行平方
自乘运算,即褶积
        end
        R(i,j) = max(l);  % 生成模糊等价矩阵
    end
end
```

图书在版编目（CIP）数据

废弃电子产品资源化的预测与评价 / 张健，刘宇著.
—北京：社会科学文献出版社，2013.7
（管理科学与工程丛书）
ISBN 978 - 7 - 5097 - 4623 - 3

Ⅰ.①废⋯　Ⅱ.①张⋯　②刘⋯　Ⅲ.①电子产品 - 废
物综合利用　Ⅳ.①X76

中国版本图书馆 CIP 数据核字（2013）第 099738 号

· 管理科学与工程丛书 ·

废弃电子产品资源化的预测与评价

著　　者 / 张　健　刘　宇

出 版 人 / 谢寿光
出 版 者 / 社会科学文献出版社
地　　址 / 北京市西城区北三环中路甲 29 号院 3 号楼华龙大厦
邮政编码 / 100029

责任部门 / 经济与管理出版中心（010）59367226　　责任编辑 / 陈凤玲
电子信箱 / caijingbu@ssap.cn　　　　　　　　　　责任校对 / 赵会华　李向荣
项目统筹 / 恽　薇　冯咏梅　　　　　　　　　　　责任印制 / 岳　阳
经　　销 / 社会科学文献出版社市场营销中心（010）59367081　59367089
读者服务 / 读者服务中心（010）59367028

印　　装 / 三河市尚艺印装有限公司
开　　本 / 787mm × 1092mm　1/20　　　　印　　张 / 13.6
版　　次 / 2013 年 7 月第 1 版　　　　　　字　　数 / 180 千字
印　　次 / 2013 年 7 月第 1 次印刷
书　　号 / ISBN 978 - 7 - 5097 - 4623 - 3
定　　价 / 48.00 元